JN093024

今日から
モノ知り
シリーズ

トコトンやさしい

橋梁工学の本

美しく、安全で、長きにわたり利用されるべき橋を造るために必要な知識の概略を、やさしく解説する本。橋梁の調査、計画、設計、施工、維持管理、補修・補強に至るまで、実際の設計段階では必要となる難解な計算方法などを除いて、全般的に紹介する。

依田照彦

B&Tブックス
日刊工業新聞社

はじめに

橋梁工学は、狭義には、構造力学の知識を中心に利用した、橋梁を設計するための工学です。一般的には、「橋梁の調査、計画、設計、施工、維持管理、補修・補強」から構成されています。本格的な橋梁工学の詳細については他の専門書を勉強していただくことにして、本書では橋梁工学の入門書としての役割を果たせればと願っています。付言するならば、橋梁工学は構造力学だけでなく、機械工学、建築工学、電気工学などの知識も必要とし、物理学に加えて化学や生物学までの知識を必要とする総合工学の1つです。

とはいうものの、橋梁工学と工学の文字が付いておりますので、力学や数学の利用を前提としています。橋梁工学では橋梁の機能と性能を見極めることが最重要事項だからです。力学や数学がよくわからなくても、機能や性能を定性的に見極めることは可能かもしれません。しかし、力学や数学を利用しない場合には、定量化することは難しいです。橋梁工学の目的は、供用期間中、橋の必要な機能と性能を確保することにあります。したがって、最終的には、力学や数学を利用して定量的に比較検討していただきたいです。

橋梁工学では、計画、設計、施工、維持管理、補修・補強のすべての段階で起こりうるリスクを想定して、検討を行うことになります。生じる可能性のあるリスクを発生しないようにすることは、橋梁工学に携わる技術者の役目です。人工知能（AI）が進歩しているので、何でもAI

で解決できると考えるのは、まだ早いです。現在のコンピュータを利用した設計用の構造計算でも、本当に信頼できる有効数字は手計算の時代とあまり変わっていないかもしれません。理由は、0・1㎜程度のひび割れ現象の解析から、4㎞の吊橋の全体挙動の解析まで、3次元空間的に10^7のオーダーの差がある構造計算をしなければならないからです。したがって、コンピュータを使わずに自分の力で性能をチェックする方法も知っておく必要があります。情報通信技術（ICT）が進んだ現在でも、日頃から3次元空間の中にある橋梁の大きさや重さに対する感覚を磨いておくことと、手計算で概略の性能がチェックできるようにしておくことが、瞬時の判断力の向上につながります。その際の出発点として、本書を利用していただければ幸いです。

最後になりましたが、直接的にも、間接的にも貴重なコメントや助言をいただいた方々にお礼を申し上げるとともに、多くの参考にさせていただいた文献に感謝いたします。また、出版にあたって大変お世話になりました鈴木徹氏に深甚なる謝意を申し上げます。

2024年3月吉日

トコトンやさしい

橋梁工学の本

目次

目次 CONTENTS

第1章 橋を知るための基本とは何？

第2章 橋の形はどうやって決まる？

第3章 橋はどのように計画・設計する？

第4章 橋はどのように造る?

第5章 橋はどのように架ける？

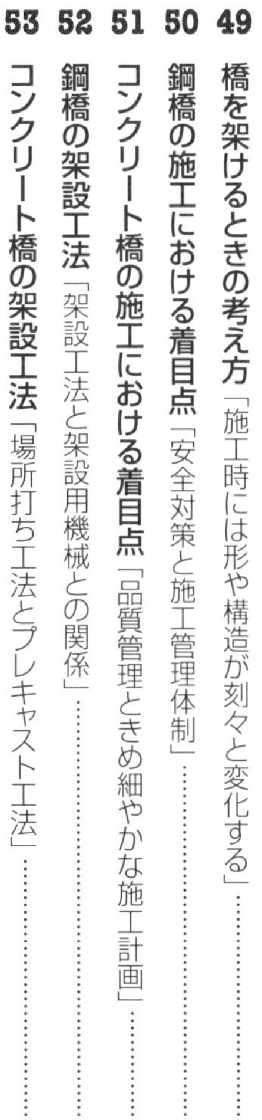

第6章 橋はどのように守る？

第1章

橋を知るための基本とは何？

1 橋の形の起源と進化を知る

科学技術が果たした役割を知る

橋の形については、昔も今も本質的には変わっていません。我々は橋の形を考えるとき、自然界で目につくものをヒントにして橋の形を考えることが多いからです。代表的な例を順に挙げていけば、倒れている木をまねて考え出されたであろう桁橋、山の中でふと目にした岩山の形が弧を描いたようなアーチ状になっているところを参考に生み出されたアーチ橋、そして、つたや竹を編んで架け渡した、ロープ状のものを両端から吊るしたときの形に似ている吊橋。いずれにしても、自然科学の法則が密接に関わっているため、現代においても本質的な形の変化がないのです。

古い時代には使える材料が木材や石材や日干しレンガなどと限られていました。また、材料を加工する技術もそれほど高くありませんでしたので、自然を観察し、自然に近いような形で橋を造るのが精一杯でした。したがって、細かく加工しなくて済むような大きさの材料を用いて、橋を人力で協力して架けるしか方法がありませんでした。

現代は科学技術の力を利用して、コンピュータの助けもあり、大変細かいところまで力の伝わり方がわかるようになってきました。その結果、自然界には存在しないような大きさの橋を造り出すことができるようになりました。その背景には、力学の知識の深化や材料の発展をはじめ、構造解析技術・設計技術・施工技術などの進歩があります。これらによって、より大きな橋を造ることができるようになったわけです。特に、材料に関する知識と製造・加工の技術が向上したこと、構造力学が体系づけられたことなどによって、橋に関する技術は大きく向上しました。さらに、現在では、情報通信技術（ICT）に助けられ、ビッグデータ等による情報収集・分析・処理技術や、人工知能（AI）等の積極的利用による合理的で最適な橋梁設計・施工・維持管理・補修・補強が試みられています。

要点BOX
- 橋の形のヒントは自然界で目につくものだった
- 大きな橋が造れるようになったのは、材料や構造力学の進歩が貢献している

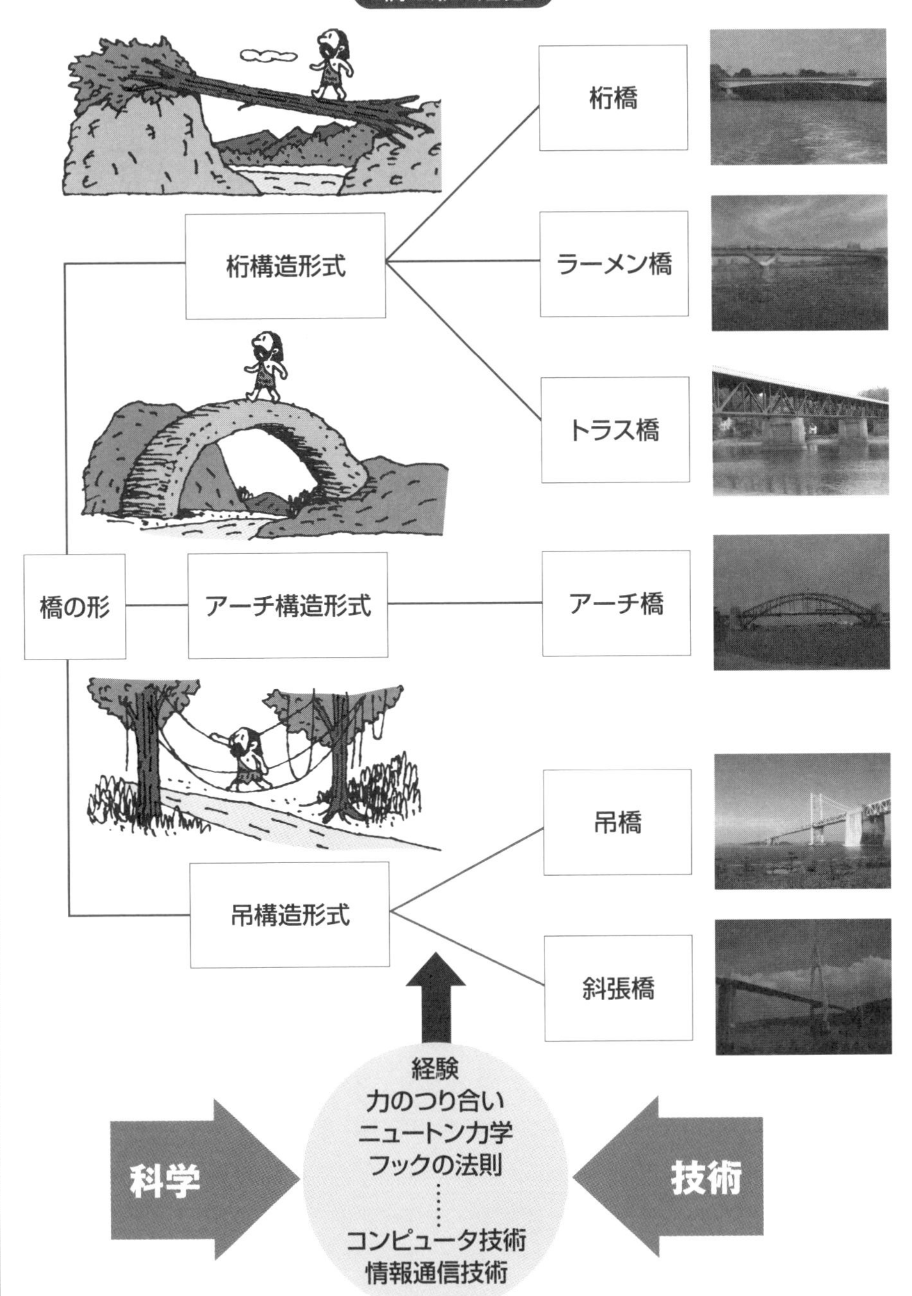
橋の形の進化
桁橋
桁構造形式
ラーメン橋
トラス橋
橋の形
アーチ構造形式
アーチ橋
吊橋
吊構造形式
斜張橋
経験
力のつり合い
ニュートン力学
フックの法則
コンピュータ技術
情報通信技術
科学
技術

2 橋とは何かを改めて知る

目的と機能と性能を知る

我々が日常見ている橋は、工学分野では橋梁といい、定義として、「橋梁とは、道路、鉄道、水路等の交通路が川、海、谷などの上を越え、あるいは他の道路、鉄道、水路などをまたいで渡る場合に、それらの上空に造られる構造物。そして道路、鉄道、水路などの一部」が使われています。したがって、橋の機能を確保するためには、しっかりとした支え（下部構造という）と壊れない丈夫な構造（上部構造という）が必要になります。わかりやすくいえば、橋の構造は人間と同じように上半身と下半身に分けられます。上半身と下半身のバランスが重要なのが人間ですが、橋もまた下半身（下部構造）と上半身（上部構造）のバランスが大変重要です。橋には人やものを渡すという機能とともに、構造物として安全かつ快適に人やものを通行させる役割があります。また、多くの橋は、公共構造物ですので、長期間の使用に耐える必要があります。すなわち、耐久性のある橋にしなければいけないということです。さらに社会の中で考えれば、経済性にも配慮しないといけません。その上、生活の場では周囲の環境や景観に配慮した美しさを持たせる必要があります。このように橋にはいろいろな機能とそれを満たすための性能が期待されています。図中に見られる安全性、耐久性、使用性、施工性などが代表的な性能ですが、状況に応じて適宜適切に考える必要があります。

渡るという機能だけでは、橋の形は決まりません。使える材料は何か、どのような形にするか、どの程度の大きさにするかなど、科学技術の発展していない時代でも、現在でも悩みは同じです。橋の目的や機能を満たすために必要な性能は何かという問いかけに答える1つの手段である構造力学では、ニュートン力学とフックの法則の利用が欠かせません。特に、フックの法則は、目に見えない力を、変形という目に見えて計測できる量で表した点で評価できます。

要点BOX

- ●橋には上部と下部のバランスに加えて、安全性、耐久性、使用性、施工性などが必要
- ●構造力学の基本はニュートン力学とフックの法則

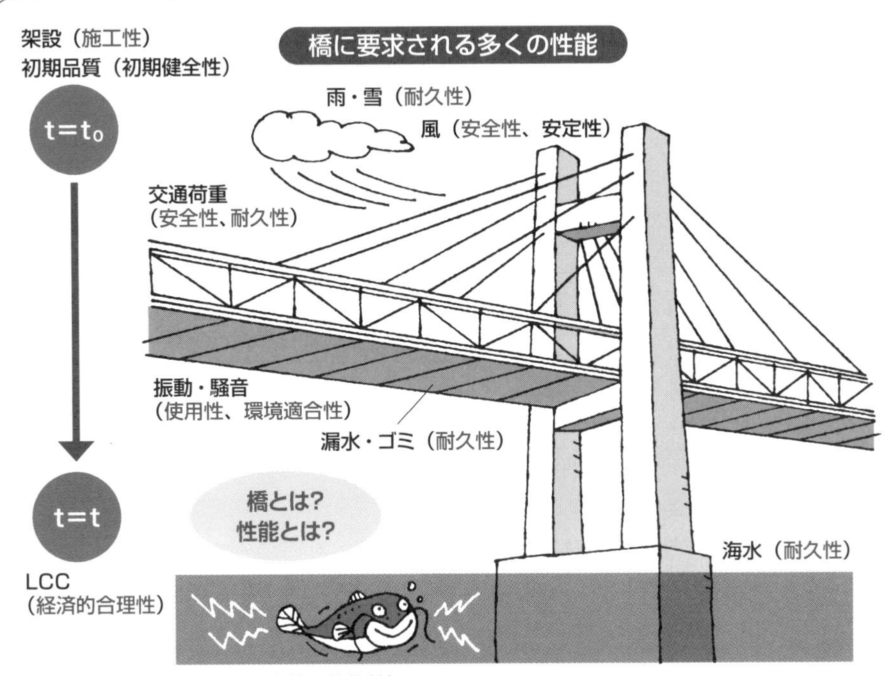

構造力学の基本となる法則

1. ニュートン力学（1687年）

第１法則：慣性の法則、静止または一様な直線運動をする物体は、これに力が作用しないかぎり、その状態を保つ。

第２法則：運動方程式、物体が力の作用を受けるとき、力の向きに、力の大きさに比例した加速度が生じる。

第３法則：作用反作用の法則、力を他に及ぼした物体は、同じ大きさで反対向きの力を受ける。

2. フックの法則（1678年）

弾性体の変形（変位）は力に比例する。

P=ku〔**P**：力、**u**：伸び（変位）、**k**：ばね定数（剛性）〕

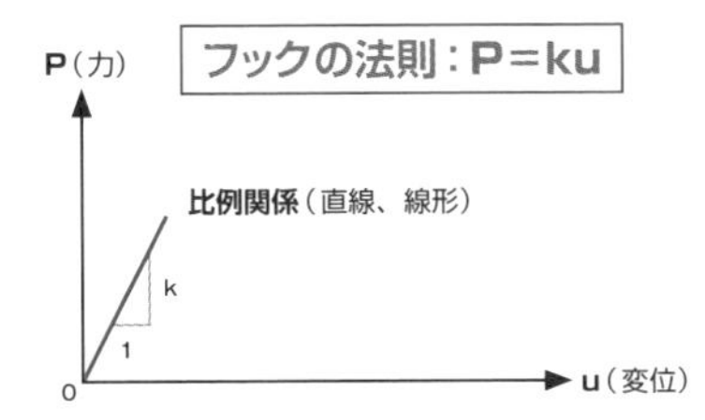

3 橋の基本構造を知る

上部構造と下部構造に分けられる

2項で述べたように、橋は上部構造と下部構造からできています。上部構造のうち、自動車・列車や人などを直接支える部分を床（道路橋では舗装と床版、鉄道橋では道床）、乗っている荷重を支える部分を床組といい、床組は縦桁と横桁（床桁）からできています。床と床組をまとめて橋床といいます。橋床を介して伝わる荷重を支持して下部構造に伝える部材を主桁（トラス橋やアーチ橋では主構）といいます。

上部構造は、主桁、床組（横桁、縦桁）、床版、横構、対傾構、ケーブルなどに分けられます。すでに説明しましたが、これらを構成する最小単位を部材と呼びます。図中に、橋の構成と最小限の部材名称を示しておきます。主桁や主構は、荷重を床版や床組から、あるいは直接受け、さらに支承（沓ともいいます）を通じて下部構造に伝える主要な部材です。

また、上部構造と下部構造の接続部にある支承は、上部構造を構成する各部材に働く力を下部構造に伝える重要な部材で、主桁の支承は大きく分けて固定支承、可動支承に分けられます。固定支承は、荷重の伝達機能と回転機能を持った支承であり、可動支承は、荷重の伝達機能、回転機能に加えて移動機能を持った支承です。通常の計算では簡略化した表記を用います。

一方、下部構造（ここでは橋脚、橋台、基礎の総称）は、上部構造からの荷重を地盤に伝えるものでいろいろな形式があります。

さらに橋の大きさを表す言葉に、橋全体の長さを表す橋長、支承と支承の間隔を表す支間、橋の幅を表す幅員があります。橋長とは、上部構造の全長で、通常、橋台のパラペット前面間の距離をいいます。橋台または橋脚の前面間の距離を純間隔といいます。道路橋の幅員は、両側の地覆内面間の距離であり、車道および歩道の幅員（中央分離帯がある場合には中央分離帯も加えて）に路肩の幅員を加えたものです。

要点BOX
- ●橋は上部構造と下部構造からできている
- ●上部構造は橋床（床、床組など）、主桁、横構、対傾構などからできている

上部構造と下部構造の各名称

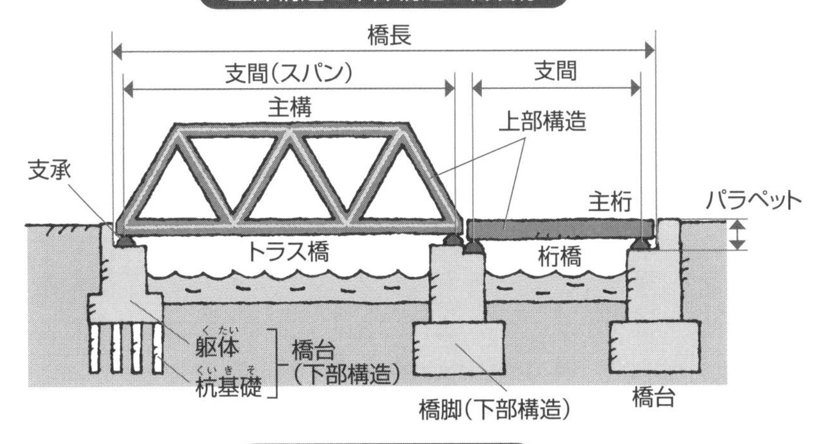

道路橋路面上の各名称

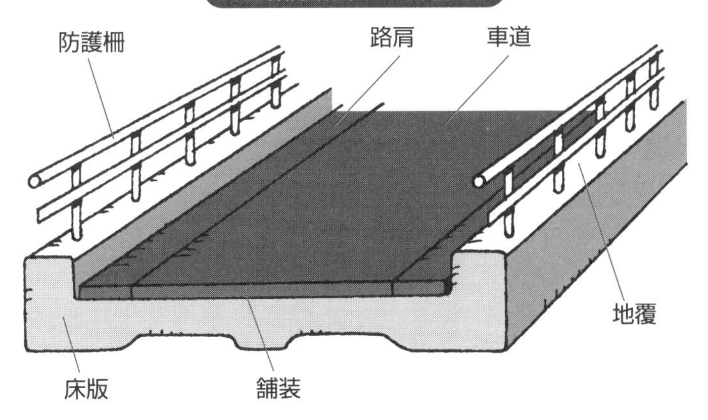

主桁の支承（例）

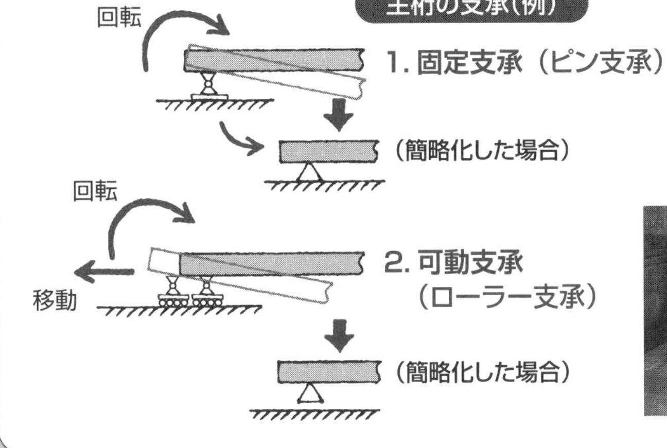

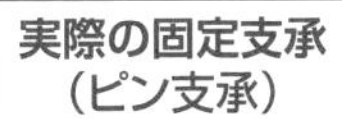

4 橋の形が多様である理由を知る

形状・機能・構造は密接に関係する

橋の形がいろいろあるのは、理由があるからです。単に外見だけから決まるわけではありません。この理由を探すのが橋梁工学です。橋は地球で支えられています。その支える部分を受け持つのが下部構造です。しかしながら、地球の表面の形は必ずしも平らではありません。地質にも変化が見られます。地面に勾配があったり、地盤が軟らかであったり、いろいろと変化に富んでいます。そのような場所で、下部構造を丈夫に造るためには、周囲の状況をよく調査して造る必要があります。下部構造の形と密接に関係して、上部構造の形も決まります。その形の決め方は、上部構造自身の重さと上部構造の上に乗る人や車などの移動物体の重さを、上部構造でどのように安全に支えるかにかかっています。その重さをどのように支えるかが仕組みと呼ばれる部分です。どのような形でもよいというわけではありません。上部構造に作用している力を安全に下部構造に伝える仕組みを造る必要があります。もちろん、上部構造に使用する材料によって、上部構造の仕組みも変わります。木のように軽い材料を用いた上部構造とコンクリートのように重い材料を用いた上部構造では、支える上部構造の重さが違いますので、当然仕組みが変わります。このように、上部構造、下部構造ともにいろいろな条件によって仕組みが変わることがわかります。その結果、我々が目にする橋に多くの種類があるのです。

橋を造るようになったとき、何に注目したかというと、破壊に対する抵抗である強度と、変形に対する抵抗である剛性でした。ガリレオは、橋の強さは材料の性質だけではなく、大きさの基本となる形状・寸法に依存することを科学的に示しました。形状と機能と構造は密接に関連します。形や機能に違いがあることが、構造に変化をもたらしたことを考えると、橋の目的や要求される機能が多様化すれば、橋の形も多様化することが理解できます。

要点BOX

- ●橋の形は主に外見と構造から決まっている
- ●破壊に対する強度と変形に対する剛性が重要
- ●要求される機能によって橋の形も多様化する

様々な形が造られる理由

下部構造の形は地盤や地質、周辺の環境によって決まります。

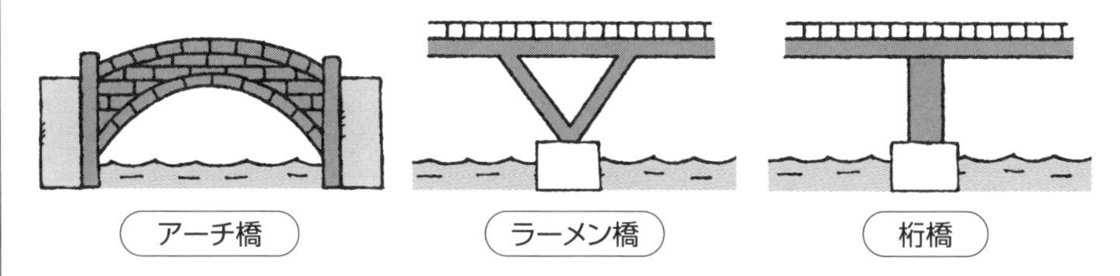

上部構造の形は、下部構造の形や何を渡すのかといったことに密接に関係して決まります。

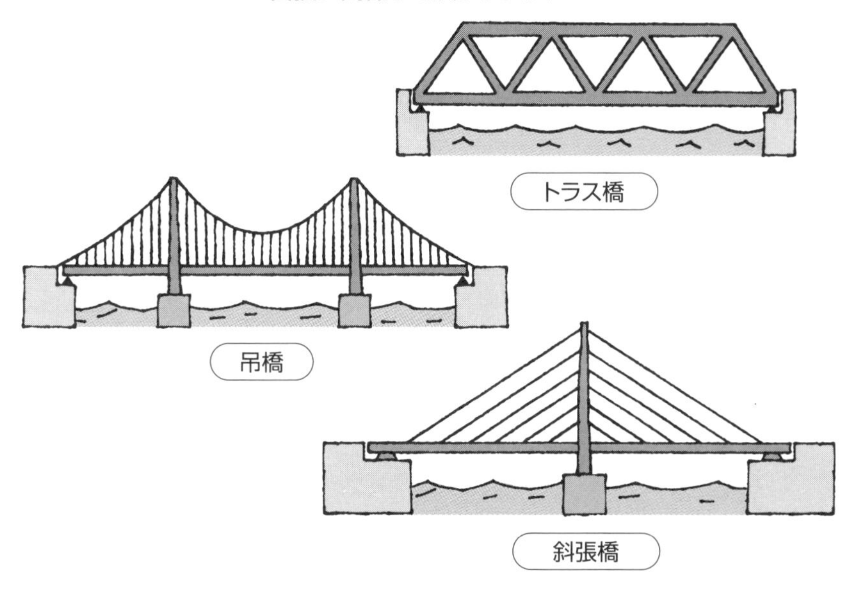

橋の形を支えるもの：
剛性・強度・粘り強さ

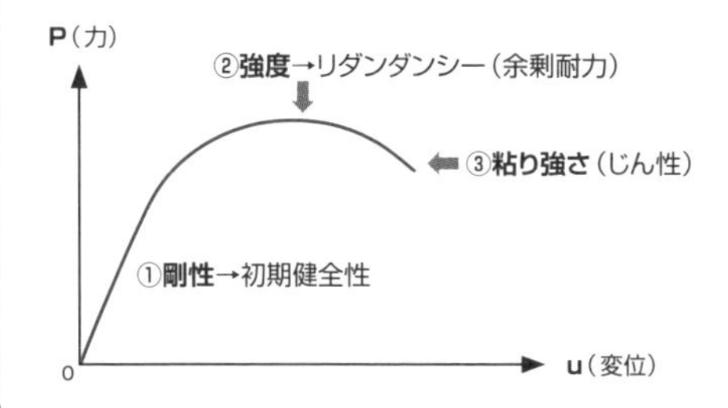

【剛性】変形（変位）のしにくさで、橋が使用時に大きく変形しないことを確認することにより、橋の健全性が確認できます。

【強度】破壊のしにくさで、実際の強度は設計で考えていた値よりは大きくなりますので、橋には余剰耐力があります。

【粘り強さ(じん性)】急な力に対する破壊のしにくさで、もろく壊れないことを示す指標です。一般に、強度と塑性変形能力の積で表されます。

5 橋の形や構造と美しさとの関係を知る

機能美・構造美は橋に欠かせない

4項までで、橋の仕組みや力学の話に触れましたが、この「仕組みや力学」と「美しさ」は別ものではありません。ローマ時代の技術者は橋に必要な要素は「用・強・美」であるといっています。「用」とは、使いやすく便利なこと、「強」とは、丈夫で長持ちすること、「美」とは、美しく魅力的であることです。「用・強・美」の観点から橋を見てもらうのが一番わかりやすいです。専門的な知識があっても、なくても、「用・強」だけでなく、「美」にも注目すべきです。

橋は毎日我々が見るものです。したがって、いつ見ても美しいと思われることが必要不可欠です。これまで、仕組みや力学の話をしてきましたが、この美しさと仕組みや力学は別のものではないのです。実は、橋でも、第一印象で美しいと評価されている橋は、多くの場合、すばらしい仕組みと力学的優位性に富んだ橋なのです。我々は、安全で安心できる橋を造るだけでなく、常に経済的で耐久性のある美しい橋を考える必要があります。特に、この美しい橋という概念は、橋の機能や性能などを考えたときに大変重要です。近年では、コンピュータグラフィックスやフォトモンタージュを利用して橋を含めた景観設計が行えるようになっていますので、色彩を含めて3次元的な景観シミュレーションができます。景観設計の基本は、設計の考え方を大切にし、周囲の環境との調和を図ること、自然環境や周辺環境が変化することを考えて、時間軸でも景観に配慮することです。

力学の得意・不得意にかかわらず、デザイン的な面で橋を見ることだけでも意義があります。まず、橋を見て、美しいかどうか判断して下さい。美しくないときには、橋梁工学の知識とあらゆる経験を駆使して、いろいろと考えてみましょう。一般に、美しさを感じさせるものは、実際に優れた性能や効率的な特性を持っているといわれています。普段から多くの美しい橋を見て、橋を見る感性を磨くことは大変重要です。

要点BOX
- 橋の形には美の観点も必要
- 景観も含めた橋の設計が重要
- 普段から橋を見ることで感性が磨かれる

「美しさ」の重要性

なぜ美しさが求められるのでしょうか?

教育的・文化的好影響

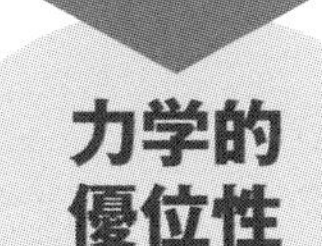

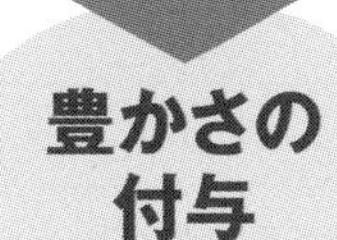

コンクリート橋（神奈川県、小倉橋）

木橋（山口県、錦帯橋）

鉄橋（イギリス、アイアンブリッジ）

石橋（長崎県、眼鏡橋）

鋼橋（オーストラリア、ハーバーブリッジ）

Column

橋を見ることから始めよう「橋の見方入門」

橋の勉強は、技術的価値、歴史的価値、文化的価値、景観的価値などを基本にすることが多いですが、橋の楽しみ方は、各人各様でよいように思います。一般的には、まず、①遠くから橋を含めた全体の風景を見る、ことからはじめます。場所にもよりますが、少し離れた場所から全体像を眺めるのがよいでしょう。バランスの取れた調和を楽しむこともできます。次に、②少し近づいて、景観を含めて橋全体をいろいろな視点場から見ます。川であれば上流からも下流からも見ます。もっと近づいて橋の入口からも出口からも見るのがお薦めです。③橋を渡りながら（歩道があるとき）、周辺環境との調和、舗装・高欄・照明柱などの細部の収まりをじっくり見ます。路面上を歩きながら特徴と構造の細部を観察しながら、付属物（照明柱、高欄、舗装他）のデザインを楽しむことができます。④橋を下から見ることも大切です。橋の構造や仕組みを見ることができ、より専門的には、桁配置・床組、横構・床版・部材の連結状況、橋歴板等、および付属物（支承、落橋防止装置、排水装置、伸縮装置、他）を見ることができます。可能であれば、⑤橋を上空から見て、橋を含む全体的な眺望を楽しむのもよいです。⑥ライトアップされている橋であれば、光と影のハーモニーである、演出された橋の姿を楽しむことができます。⑦いろいろな見方があることを知ることも楽しみの1つになります。設計者の意図を想像する、できれば部材・部品の役割を考えてみましょう。目でなく、撮影のテクニックも駆使して（道具、構図、アクセント）、橋を楽しむこともお薦めです。

一方、橋を見て楽しむための準備としては、まず、携行品としては、地図、ノート、筆記用具、カメラ、双眼鏡、橋に関する本など、および飲料があります。次に、服装ですが、動きやすい服装（冬は防寒具）、歩きやすい履物がよいでしょう。さらに、安全対策として、進入禁止領域には入らないこと、手摺りやバリケード、ロープなどを乗り越えたりしないこと、狭隘部には入らないこと、通行車両、歩行者、自転車に配慮する（交通事故を避ける）ことなどがあります。

アーチリブから真下を見ることができる橋（ハーバーブリッジ）

第2章 橋の形はどうやって決まる?

6 橋の形を決めているのは誰なのか

橋の設計と設計者

第1章で橋の基本について説明しましたが、具体的な橋の形は誰がどのようにして決めるのでしょうか。橋の形を決める人を設計者あるいはデザイナーと呼びます。将来は、AIによって橋の形の決定がなされるかもしれませんが、橋の形の決定に必要なことは、設計者の創造力、想像力、技術力、情熱などではないかといわれています。

例えば、日本橋は日本で設計の初期段階から土木技術者と建築家や美術家と共同で形や構造が決められた初めての橋です。市街地の橋のデザインの原点になった橋でもあります。橋の設計は米元晋一、樺島正義によりなされ、意匠は妻木頼黄が担当し、日下部辨二郎、中島鋭治が指導にあたり、皆で話し合って橋の形が決められました。このように、地域のシンボルとなる橋では、橋の形の決定には、多くの技術者、デザイナーが関与することが一般的です。

その一方で、一人の技術者が橋の形を具体的に決定することもあります。その代表例が、英国のクリフトン吊橋を設計したイザムバード・キングダム・ブルネルです。ブルネルが設計した吊橋は、ブルネルの死後の1864年に完成し、150年以上経った現在も現役です。ブルネルは、設計図を作成するにあたって、多くの橋を見て、多くの技術者の意見を聞いたといわれています。ブルネルは、橋を含め英国のインフラを整備した土木技術者として英国人によく知られています。その証拠が、2002年の英国のテレビ番組における『100名の最も偉大な英国人』の投票結果です。その結果によれば、第1位は英国首相であったチャーチル、第2位が土木技術者であるブルネル、第3位がダイアナ妃、第4位がダーウィン、第5位がシェイクスピアでした。第2位のブルネル以外は、よく知られた世界的に著名な人物です。橋の設計者は一般的に表に出ることは少ない中で、ブルネルの例は貴重な例です。

要点BOX

- 設計には土木、建築、美術などの専門家が携わる
- ブルネルのように、一人の優秀な技術者を中心に橋の設計をすることもある

日英の歴史的な橋

日本橋（1911年竣工の石造アーチ橋）

徳川慶喜による「日本橋」の文字

日本橋の照明灯

日本橋の麒麟の像

クリフトン吊橋（1864年供用開始、現在も現役）

橋の下にはエイボン川が流れる

クリフトン吊橋の入口

ブルネル父子がトンネル工事に
携わったことを示す銘板

ブルネルは、父の下で
インフラであるトンネルの工事
（テムズ河底のシールド工事）
にも関与しています。

7 橋にはどのような力が作用するか

自由体図を描いて作用する力を知る

橋の形を決めるための最初のステップは、橋に外部から作用する荷重を知ることです。橋に作用する荷重は、体積に作用する物体力（体積力）と物体の表面に作用する表面力とに分けられます。物体力は、重力・慣性力などのように、ニュートンの法則により求められる質量と加速度をかけた値です。表面力は、部材（橋を構成する最小単位）に他の固体や流体などから伝えられる力です。構造力学では、物体力は表面力と同じ効果を持つので、荷重として扱われます。通常、橋を支える力である反力も外力になります。橋に作用する外力として、荷重と反力を考えます。

橋が安定していることを、構造力学では橋が静止のつり合い状態にあるといいます。静的につり合っていることを確かめるには、橋に作用している静的な外力によって橋が移動したり、回転したりしないで、つり合っていることを検討する必要があります。橋（全体でも部分でも）に作用する力をすべて取り込んだ図（自由体図という）を描き、力のつり合い条件式を作ることが、橋の形を決めるための第一歩です（上図）。これにより、未知力であった反力が計算できます。構造力学により、すべての力の合計と任意点回りのモーメントの合計がそれぞれゼロになることが、橋がつり合い状態にあるための必要条件となります。

橋に作用する力は様々なので、橋全体で力の特徴を整理するよりも、部材を中心に橋に加わる力を整理する方が自然です。小さな部材単位で考えたときには、下図に示すように両端に引張力だけが作用している状態や圧縮力だけが作用している状態が考えられ、つり合い状態にあります。曲げモーメントやねじりモーメントも、つり合い状態にあります。ただし、せん断力については、上下方向の力のつり合いは満たしているものの、この状態では回転してしまいます。したがって、つり合い状態を保持するためには、回転を止めるモーメントが必要になります。

要点BOX

- 橋が成立するのは、荷重（物体力と表面力）と反力（橋を支える力）がつり合っている状態。その反力を構造力学で計算する

荷重と自由体図

物体力　表面力

荷重図

荷重 ＝ 表面力 ＋ 物体力

自由体図

反力　反力

外力 ＝ 荷重＋ 反力

荷重図

荷重は、体積に作用する物体力（体積力）と物体（部材など）の表面に作用する表面力とに分けられます。物体を支持する反力は、未知であるので、荷重には含めません。

自由体図

反力の形が決まると、つり合い条件式から未知反力が求まります。ただし、反力の数が、つり合い条件式の数を超える場合には、構造解析の3条件を利用する必要があります（33項、34項参照）。

部材横断面に作用する様々な力

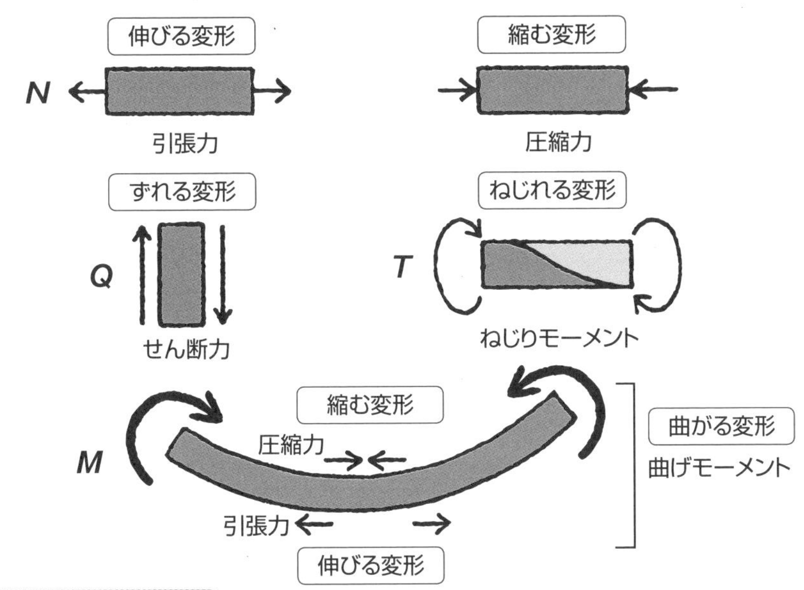

部材横断面に作用する力

図に示す様々な力は、そのまま形で内部にも伝わるので、力と変形を組み合わせて考えます。引張力と圧縮力を合わせて軸力といい、*N*で表すことが多いです。せん断力は曲げモーメントやねじりモーメントと深く関係する横断面に平行な力で、*Q*と表されることが多いです。曲げモーメントは図に示す例では断面内の水平軸回りのモーメントで、*M*で表します。ねじりモーメントは、部材の部材軸線回りのモーメントで、*T*と表されることが多いです。

8 橋にはどのような材料が使われるか

使用材料によって橋の形や構造が変わる

すべての材料は、力を作用させると変形します。この変形をひずみといいます。このひずんだ状態では、内部に内力である応力が存在します。この応力を単位面積あたりで表したものを応力度といいます。通常、橋に利用される材料には、比較的大きな力が作用しても大きく変形せず、力が作用しなくなったときには元の形に戻ること(この性質を弾性といいます)が望まれます。すなわち、応力とひずみの関係が線形(比例関係)で、フックの法則が成り立つ範囲で設計することを考えます。今、応力とひずみの関係がどのような形になるかを実験的に求めることを考え、図のように部材の両端に応力σ(垂直に作用させます)を作用させると、ひずみε(縦ひずみといいます)が求まります。その結果、σとεの関係は線形になります(その勾配がヤング係数Eです)。さらに線形弾性体では部材は縦方向には伸びますが、横方向には縮みます(横ひずみといいます)。せん断応力とせん断ひずみの間にも同様に比例関係が成り立ちます。したがって、多くの材料では、引張試験用の小さな部材を作成して、引張試験を行い、応力-ひずみ関係を求め、材料の引張強度を求めています。コンクリートのように、圧縮強度が必要な材料については圧縮試験で、圧縮強度を求めます。材料の強度には、他にも曲げ強度や支圧強度などがあります。

鋼は、大きな応力まで応力とひずみの関係が線形で、非常に強い材料であるため、小さい断面を持つ部材を用いることができ、橋の重量(自重)を軽くすることができます。その反面、錆や腐食に弱いという弱点もあります。一方、コンクリートは、セメント、水、砂、砂利と少量の混和材料をかき混ぜて作ります。数日後には硬くなりますが、石と同じように引張力に対しては弱いです。応力とひずみの関係は完全な線形ではありませんが、応力が小さい範囲では線形として扱うことができます。

要点BOX
- 材料は力が作用すると変形してひずみを生む
- ひずんだ状態では内部に応力が生まれる
- 引張試験で応力とひずみの関係と強度を求める

応力の定義と材料の応力ーひずみ関係

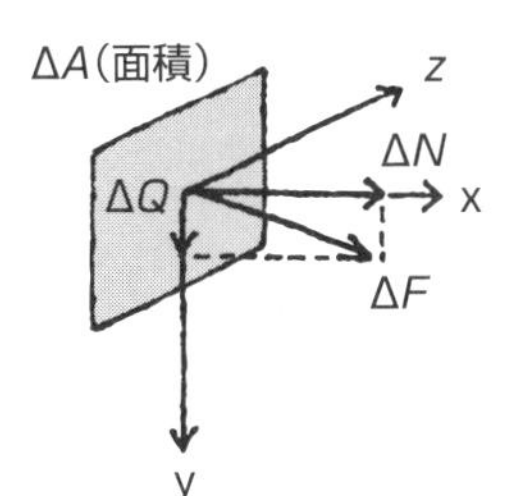

$$\sigma = \lim_{\Delta A \to 0} \frac{\Delta N}{\Delta A} \text{：垂直応力} \quad \cdots\cdots\cdots (1)$$

$$\tau = \lim_{\Delta A \to 0} \frac{\Delta Q}{\Delta A} \text{：せん断応力} \quad \cdots\cdots (2)$$

垂直応力とせん断応力

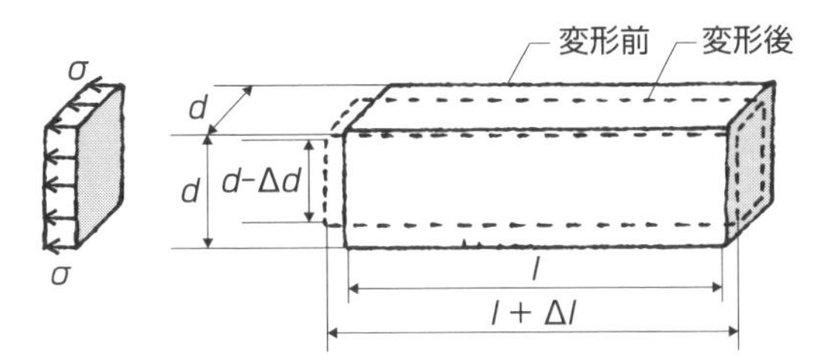

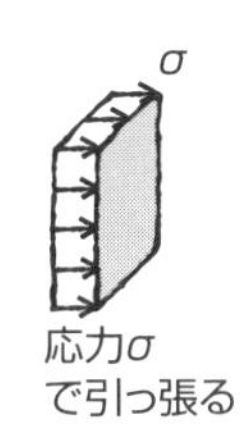

応力の定義

物体の断面内の微小な面積ΔAに作用する微小な力をΔFとしたとき、このΔFを断面に垂直に作用する成分ΔNと断面に平行な成分ΔQに分解して、式(1)と式(2)の計算により求められるものを、それぞれ垂直応力σ、せん断応力τと定義しています。通常は、応力といえば、垂直応力を指します。

応力ーひずみ関係

図のように部材の両端に応力σを垂直に作用させると、ひずみε(縦ひずみ)が求まります。実験によれば、鋼のような材料ではσとεの関係は、応力が極端に大きくならなければ、線形関係になります(その勾配をヤング係数Eと呼びます)。式で表せば、$\sigma=E\varepsilon$です。このような線形弾性体では、部材は縦方向に伸びるとともに、横方向には縮みます。これを横ひずみε'といいます。そして横ひずみと縦ひずみの比をポアソン比といいます。まとめると、縦ひずみと横ひずみとポアソン比の定義式は、下記のようになります。

$$\varepsilon = \frac{\Delta l}{l} \text{：縦ひずみ、} \quad \varepsilon' = -\frac{\Delta d}{d} \text{：横ひずみ、} \quad \nu = \left| \frac{\varepsilon'}{\varepsilon} \right| \text{：ポアソン比}$$

なお、詳細は省きますが、線形弾性体の場合には、せん断応力τとせん断ひずみγの間にも比例関係($\tau=G\gamma$、ここにG：せん断弾性係数)が成り立ちます。

9 橋の設計で必要となる力は何か

仮想切断の定理を用いて応力・断面力を求める

反力を含めて、全ての外力が決まると、橋の内部の力、すなわち内力を計算することになります。理由は、設計荷重から求まる大きな内力が作用する断面で材料が限界状態に達することがないかどうかを確認する必要があるからです。内部の力は応力です。内力を求めるには、工夫が必要です。内部の力は応力ですが、応力は見えません。そこで、つり合い状態にある橋を仮想的に切断(仮想切断の定理という)して、切断面に作用する応力を考えます。この応力は、切断されたそれぞれの物体(自由体)について、応力を外力とみなして、つり合い状態を考えて求めることができます。

特に強調したいのは、実際の橋は3次元的な構造物ですが、橋の設計では、2次元平面内の構造として扱うことや、幅や厚さを持っていても1次元的に1本の線として扱うことがあることです。これは一般的には、目に映る外形からモデル化を進めることが多いためです。

具体的には、手計算レベルでは、できるだけ1次元構造物として考えるようにします。1次元的な構造にすれば、部材は1本の線で代表されるので、部材の横断面を代表する点は1点になります。1点で考えられる力は、力学の基礎知識により3次元空間内にあっても3つの力と3つのモーメントの6つだけ(2次元平面では、3つになります)になります。これら内力である力やモーメントを断面力と呼びます。これらの力がどのように作用しているかを、仮想切断の定理を用いて考えることになります。

通常、橋全体は部材を組み合わせて造られますので、1次元的に部材を線状のモデルで表現し、断面で定義される断面力を用いて計算を進めます。さらに、設計では構造計算で求められた断面力をもとに断面内の応力を計算し、部材の性能照査を行います。

要点BOX

- 内部の力(応力)は、仮想切断の定理を用いて切断面にかかる力として求める
- 求めた応力から各部材の性能照査を行う

仮想切断の定理を用いて応力や断面力を求める

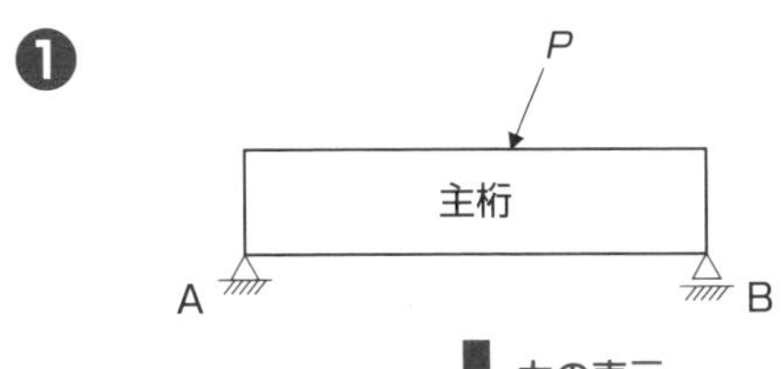

❶荷重Pを受ける主桁:
材料はフックの法則に従う弾性体を仮定します。

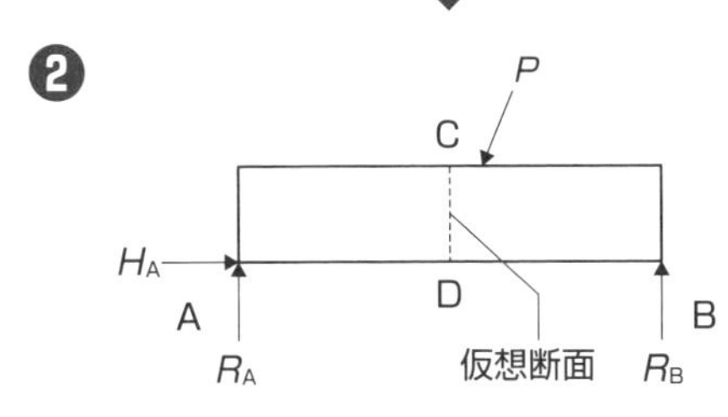

⬅すべての外力の表示を目指します

❷自由体図:この図ですべての反力(R_A、R_B、H_A)を計算します。未知量が3個ですので、必要な式は3個です。すなわち、
①鉛直方向の力のつり合い式
②水平方向の力のつり合い式
③モーメントのつり合い式(A点で考えても、B点で考えても、どの点で考えても大丈夫です。)

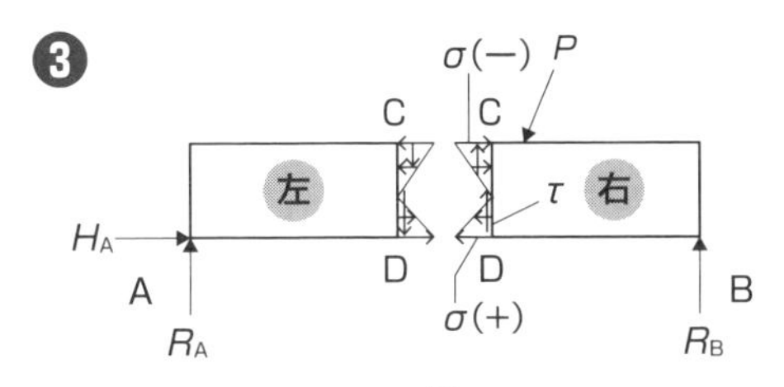

⬅仮想切断の定理を適用します

❸切断面上の応力:仮想切断面CDに作用する応力がどの方向を向いているのかわかりませんので、切断面上の応力の成分として断面に垂直な応力σと断面に平行なせん断応力τを仮定します。

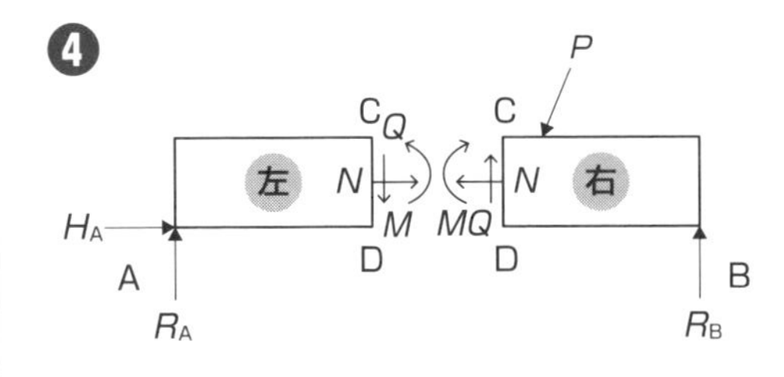

⬅応力と断面力を関係づけます

❹切断面上の断面力:仮想切断面CDで考えられる断面力は、曲げモーメントM、せん断力Q、軸力Nだけであるので、主桁の左半分を考えれば、❷と同じように左側の物体も自由体図です。したがって、未知量はM、Q、Nの3個です。①、②、③式の考え方を適用すれば求まります。

❺応力と断面力の関係:仮想断面上で応力を考えても、断面力を考えてもつり合い状態は同じでなければなりませんので、断面力がわかれば、両者は関係つけられることがわかります。その関係づけに平面保持の仮定が使われます(34項参照)。いずれにしても、設計で必要となる力は応力と断面力です。

10 橋の分類

構造や材料で区別することが一般的

これまで説明したように、橋に作用する荷重や使われる材料などによって変わりますが、橋の形は必ずしも構造力学的要素だけで決まるものではありません。橋は、目的や機能によって、さまざまな分類ができます。本書で主として取り上げる構造形式による分類では、桁橋、ラーメン橋、アーチ橋、トラス橋、吊橋、斜張橋などが代表的な構造形式です。使用材料による分類では、石橋、木橋(もくきょう)、鋼橋(こうきょう)、鉄筋コンクリート橋、プレストレストコンクリート橋、複合橋、アルミニウム橋、FRP橋などに分類できます。本書では材料に注目した橋梁として、主に鋼橋、鉄筋コンクリート橋、プレストレストコンクリート橋を扱います。

橋の用途に注目すると、道路橋、鉄道橋、歩道橋(人道橋)、水路橋、応急橋などに分類されます。架橋場所による分類では、河川橋、湖面橋、跨道橋、跨線橋、高架橋などがありますが、この中で立体的な都市交通機能を確保するための高架橋は特筆すべき橋の形です。通路の位置による分類では、路面と主桁や主構との位置関係から、上路橋、中路橋、下路橋および2層橋に分類されます。橋を上から見たときの平面形による分類としては、直線橋、斜橋、曲線橋などがあります。動作による分類には、固定橋、可動橋、流れ橋、潜り橋(沈下橋)などがあります。支持方法による分類には、単純橋、連続橋、ゲルバー橋、浮き橋などがあります。主桁の断面形状に注目した分類として、I桁橋、箱桁橋、T桁橋、スラブ(版)橋、中空トラス橋などがあります。桁橋の耐用年数に注目した分類には、永久橋、仮設橋または応急橋がありますが、永久橋といっても設計供用年数として100年を考えている橋を指します。いずれにしても、多種多様な分類がありますので、本書では、構造力学の利用を優先させて、構造形式と使用材料に着目した分類を前提にして、橋の計画・設計・施工・維持管理・補修補強を考えます。

要点BOX

- 橋の形には、構造形式や使用材料によるものを主として、用途や場所などによる様々な分類がある

構造形式による分類

桁橋

ラーメン橋

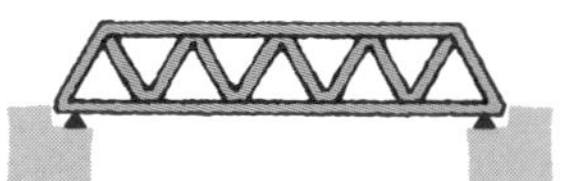

トラス橋

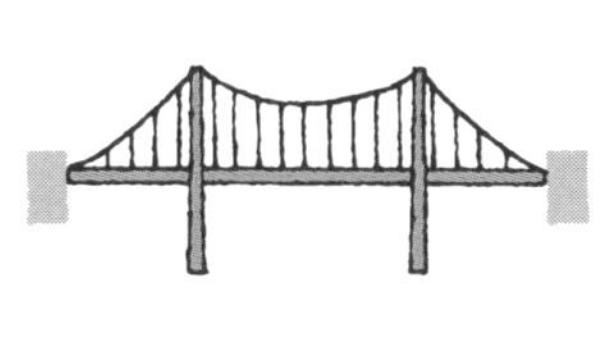

吊橋

斜張橋

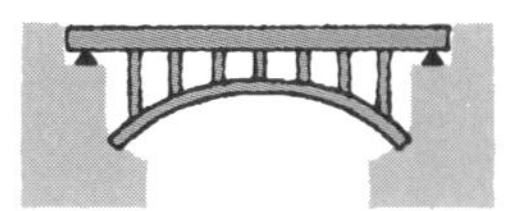

アーチ橋

橋の分類方法一覧

分類方法	名称
構造形式	桁橋、ラーメン橋、トラス橋、アーチ橋、吊橋、斜張橋
使用材料	石橋、木橋、鋼橋、RC橋、PC橋、複合橋、アルミニウム橋、FRP橋
用途	道路橋、鉄道橋、歩道橋（人道橋）、水路橋、応急橋
架橋場所	河川橋、湖面橋、跨道橋、跨線橋、高架橋
通路の位置	上路橋、中路橋、下路橋、2層橋
平面形状	直線橋、斜橋、曲線橋
支持方法	単純橋、連続橋、ゲルバー橋、浮き橋
主桁の断面形状	I桁橋、箱桁橋、T桁橋、スラブ橋、中空トラス橋
動作	固定橋、可動橋、流れ橋、潜り橋（沈下橋）

11 桁橋

最も基本的な形

　桁橋は、桁を水平に渡した最も基本的な橋の形です。この桁を主桁といいます。主桁の断面の形状によってI桁橋、箱桁橋などと呼ばれています。I桁橋は設計、製作が容易で、重量も小さく経済的な構造です。また主桁のねじりモーメントに対する抵抗力が小さいため、直線橋に適している形式です。一方、箱桁橋はI桁橋と比較して、曲げモーメントに対する抵抗力とねじりモーメントに対する抵抗力が大きく、長い橋や曲線の橋に適しています。この形の橋は、通常鉛直方向の荷重による反力しか受けないため、曲げモーメントおよびせん断力の大きさによって設計されます。コンクリート床版に主桁の受け持つ力の一部を分担させる合成桁橋などもあります。

　桁の支え方による分類もあります。主桁または主構を両端で単純に支えている橋を単純橋といいます。川幅が長くなると川の中に橋脚を造らなければならなくなります。このとき、橋脚の上で橋の主桁を連続させずに、単純桁の連続によって橋を架けることができますが、川幅の途中の橋脚上で主桁を分割せず、対岸まで連続させて主桁で通せば、主桁本数を少なくできて経済的になります。さらに、走行性・耐震性が増します。このように2径間以上にわたって主桁または主構を連続させた橋を連続橋といいます。構造的には、単純桁と同じ桁高であれば、支間を増大でき、単純桁と同じ支間であれば、桁高を低くすることができます。これが連続桁の大きな特徴です。

　単純桁は支点の反力が力のつり合いだけから求まります。連続桁は3つ以上の支点で桁を支持している構造で、支点反力は力のつり合い式だけでは求まりません。また、連続している桁のある箇所にヒンジを設けた形式の桁を総称してゲルバー桁といいますが、この形の橋は、連続桁と単純桁の両方の利点を持った橋です。ゲルバー桁の支間は、橋の重量とバランスがとれています。

要点BOX

- ●主桁を両端で支えたものが単純橋、連続した主桁を3つ以上の支点で支えたものが連続橋
- ●ヒンジを使った主桁をゲルバー桁とよぶ

桁橋の特徴

鋼の桁橋

コンクリートの桁橋

●桁橋はもっと単純な形である
●支間を延ばす時には注意が必要である
●製作しやすい
●経済性に富む

桁橋を支持して性能を向上させるための構造として、以下の3種類の支持方法がある
●アーチ構造とする
●トラス構造とする
●ケーブル構造とする

桁橋は、橋の形状の基本ですので、道路橋、鉄道橋だけでなく、歩道橋、モノレール、ペデストリアンデッキ（大型公共歩廊）などにも利用されます。

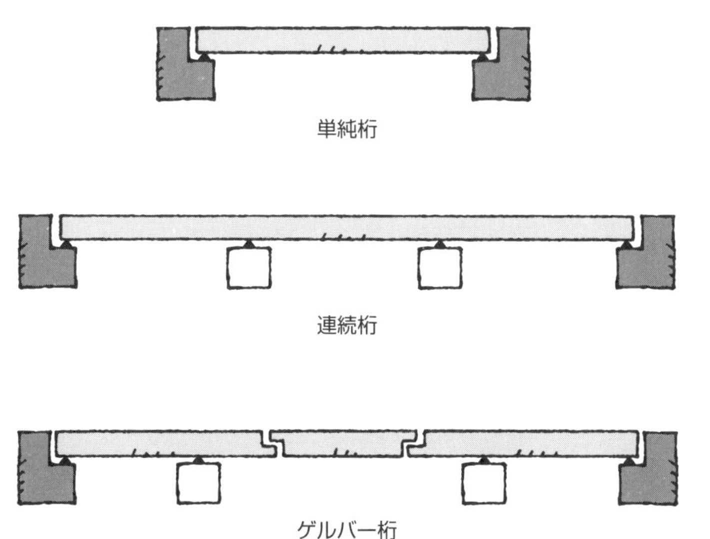

12 ラーメン橋

高架橋に多用される形

ラーメンとは、ドイツ語のRahmen(枠、額縁、窓枠)が語源です。ラーメン橋は、このラーメン構造(垂直方向の柱と水平方向の梁で支える構造)を基本とした形式で、上部構造の梁あるいは桁の水平方向部材と下部構造の躯体の縦方向部材を剛結合(剛接合)した構造です。各部材が強固に連結されているので、外力によって部材に曲げモーメント、せん断力、および軸力が作用します。ラーメン橋は、耐震性があり経済性にも富んでいるだけでなく、広い空間を内側につくり出すことができるので、都市内の高架橋に多く利用されています。特徴としては、主桁と橋脚が剛結合されているため、地震時の橋脚の変形を主桁が拘束し、橋脚の地震による変形・断面力を小さく抑えることができ、過大な変形により支承から主桁が落橋することも抑えることができます。ただし、地震の影響が橋脚から主桁にも伝達されるため、主桁に対しても耐震設計が必要になります。ラーメン橋は地震時の力の流れが複雑であることから、実際の地震波、あるいは人工地震波の時刻歴加速度などを利用して、動的な解析を行う必要性があります。

さらに、接合部が剛接合されているので、形状には自由度があり、門型ラーメン橋、π型ラーメン橋、方杖ラーメン橋、V脚ラーメン橋、連続ラーメン橋などがあります。桁と橋脚を剛結合していることは、桁と橋脚の剛性が互いの強度に影響を及ぼし合うことにつながります。門型ラーメンの場合には、主桁の変形を橋脚が拘束しているため、温度変化等の影響により、剛接合された隅角部の応力状態が複雑になります。設計にあたっては、二次的な応力状態の変化の影響を適切に評価する必要があります。

とくに主桁との剛結合が鉄筋により容易なコンクリート橋では、ラーメン橋が多いです。比較的剛体に近い橋台に桁がそのまま剛結されている桁橋は、ラーメン橋とはいわず、両端固定の桁橋といいます。

要点BOX
- ●ラーメン構造を用いることで支承が不要になる
- ●支承がないため地震などによる橋脚への影響がそのまま主桁にも伝わってしまう

ラーメン橋の特徴

ラーメン橋

- ●地震時に粘り強い
- ●支承が不要であるので、維持管理がし易い
- ●建設コストが安い
- ●コンクリート橋での採用事例が多い

フィーレンデール橋の特徴

フィーレンデール橋

ラーメン橋の特殊な例であるフィーレンデール橋は、上部構造自体がラーメン構造の橋です。

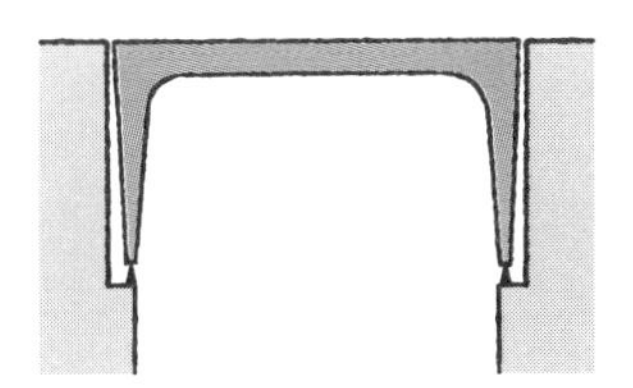
門形ラーメン橋

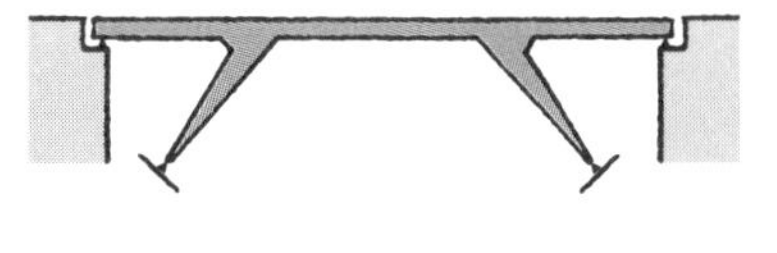
方杖ラーメン橋

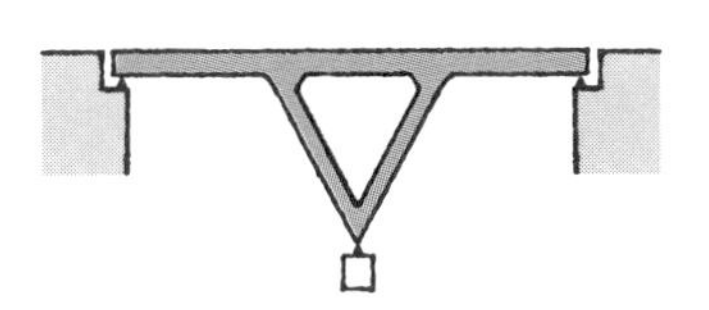
V形橋脚を持つラーメン橋

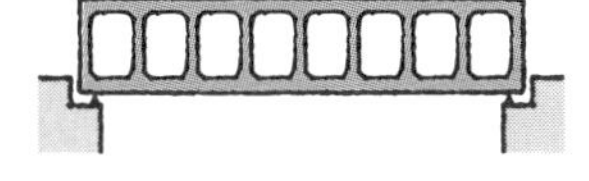
フィーレンデール橋

13 トラス橋

軽くすることができる形

トラスは英語で縛るという意味で、ひとくくりにしたものの集まりというイメージです。細長い直線部材を組み合わせて三角形を作り、このような三角形を順次つなぎ合わせて骨組み構造として荷重を支える構造がトラスです。トラス橋は、各トラス部材の結合点（格点とよびます）に力を集中して作用させ、格点をヒンジと仮定することにより、各部材に軸力（圧縮力または引張力）のみを作用させる構造を持ちます。この圧縮力または引張力を受ける部材を、それぞれ圧縮材、引張材といいます。三角形を組み合わせた骨組みには、外力に対する抵抗力が高く、形が崩れにくいという特徴があるので、材料コストを抑えても、構造物は変形しにくく、大きな構造物を造ることができます。通常、トラス部材には圧縮力や引張力といった軸方向のみに力が作用します。荷重は各部材の格点に作用するように仮定されていて、格点に作用した荷重は部材軸方向に分解され、部材内部に軸力が発生します。格点をヒンジと仮定できる範囲内では、せん断力・曲げモーメントは生じません。一般に、細長い部材はせん断力やモーメントに弱いので、軸力しか作用しない構造は好都合なのです。ただし、圧縮力を受ける細長い部材では、座屈という不安定現象が生じますので、注意が必要です。

トラス部材は軸力（圧縮力または引張力）のみが作用する骨組み構造なので、全体を軽くできます。その結果、材料を節約でき、橋そのものの重量も軽くできます。最初のトラス橋は木橋でした。細長い部材を三角形に組むことはできましたが、結合する場合に難しさがありました。鉄が使われるようになって接合方法が改善され、丈夫に造れるようになり、鋼トラス橋が出現して、支間の大きなトラス橋、大型の鉄塔、クレーンなどが見られるようになりました。

トラスには、ワーレントラス、プラットトラス、ハウトラスなど、多くの形があります。

要点BOX
- ●外力に強い三角形を使うトラス構造
- ●力は各部材の格点に作用して分解される
- ●トラスは骨組み構造なので橋も軽くできる

トラス橋の特徴

鉄道トラス橋

道路トラス橋

- ●三角形の細長い部材の組み合わせ
- ●空間が多く、効率的である
- ●強度の割に軽い
- ●同じ部材を多く使用するので製作し易い
- ●いろいろな形にデザインできる
- ●一般的に美しい

トラスの力学

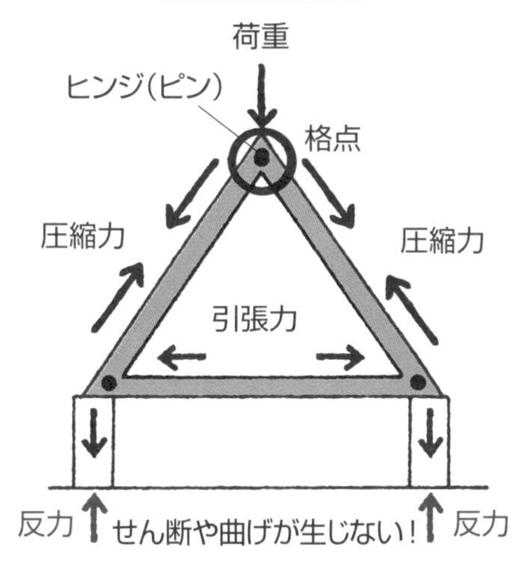

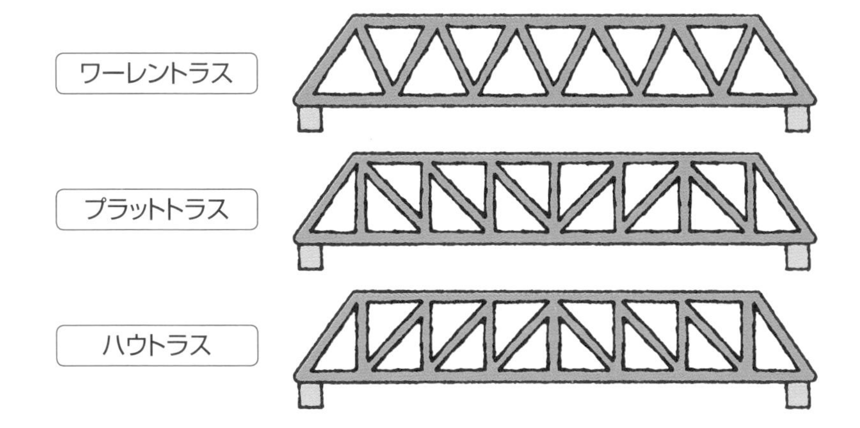

14 アーチ橋

上からの力に強い形

　アーチ橋は一言でいえば、主構造にアーチ構造を使用した橋で、最も重要な特徴は、両支点が水平方向にも固定されていて、鉛直（重力のかかる方向）荷重によって、鉛直方向に加えて水平方向にも反力が生じることです。この反力によって、曲げモーメントが軽減される点が特徴です。このことが石橋で始まったアーチ橋がいろいろな形に変化した要因です。また、形状的には、橋として使われるアーチの骨組線の形は緩やかな曲線をなし、骨組線のどこか一部で曲率が急変することがありません。したがって、アーチ構造とは「骨組線が全体として滑らかな曲線をなし、曲線に沿って作用する鉛直荷重によって、支点を結ぶ方向（両支点が同じ高さにあれば水平方向）にも反力を生じる梁状の構造物」であると定義でき、アーチの骨組み曲線としては、円、多心円、放物線、楕円などが用いられます。アーチは、曲線形状ですので、歩道橋のような場合を除き、そのままでは自動車や電車の通行には適さないため、交通路を構成する部材が必要になります。

　通常、アーチには軸力（圧縮力）のほかに、曲げモーメントとせん断力が作用します。アーチを比較的細い部材にして、アーチに軸力（圧縮力）のみを受け持たせ、曲げモーメントとせん断力は別に設けた桁に受け持たせる形の橋をランガー橋といいます。さらに、アーチと桁にそれぞれ軸力、曲げモーメント、せん断力を分担させる形式のアーチ橋をローゼ橋といいます。これらは補剛アーチあるいは複合アーチと名づけられていますが、本来は桁橋あるいはトラス橋をアーチ部材によって補剛（補強）した形式の橋です。一般にアーチ構造では、支点が少し移動してもアーチ部材に大きな力が発生するので、支持地盤の良いところに架設されます。地盤の悪い架橋地点では、アーチの両端をタイ材（構造部材）でつないだタイドアーチにして、水平反力が地盤に伝わらないようにしています。

要点BOX

●アーチ橋は鉛直荷重によって鉛直および水平方向に反力が生じ、反力方向が分散されることで曲げモーメントが軽減される

シドニー ハーバーブリッジ

アーチ橋の特徴

- 軸圧縮力が支配的である
- 橋台は広がってはいけない、頑丈で動かない橋台が必要
- アーチ橋は古くから存在し、大変強靭である（石橋がその例）
- 一般的に美しい
- 一般的に重い

アーチの力学

アーチには、鉛直方向に加え、
水平方向にも力が加わります。

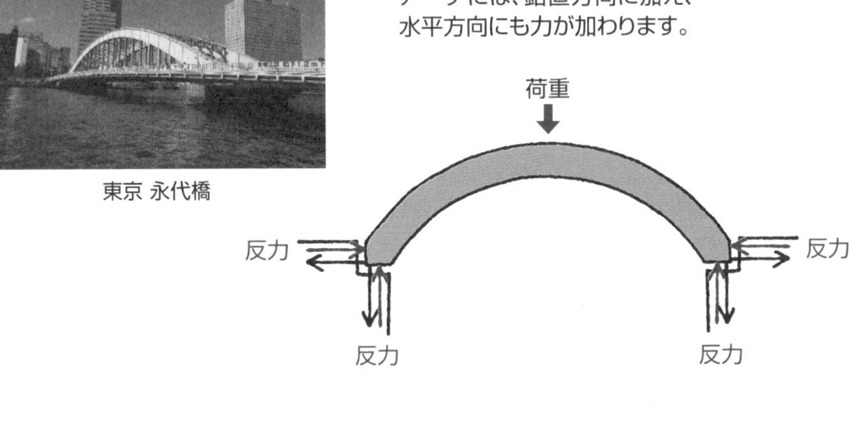

東京 永代橋

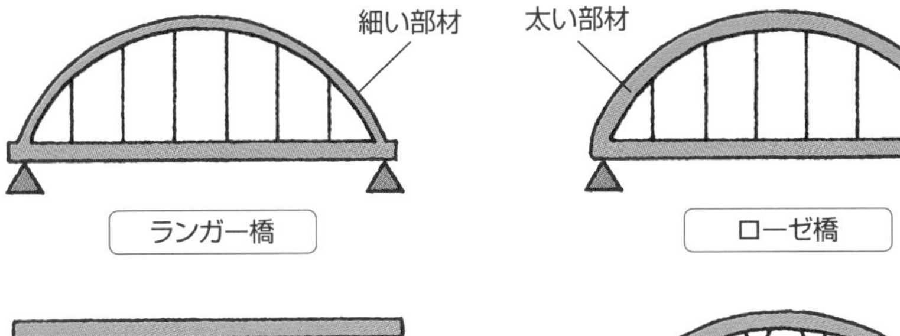

ランガー橋

ローゼ橋

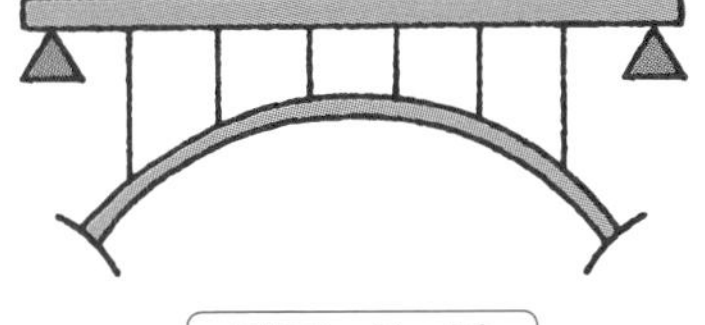

逆ランガー橋

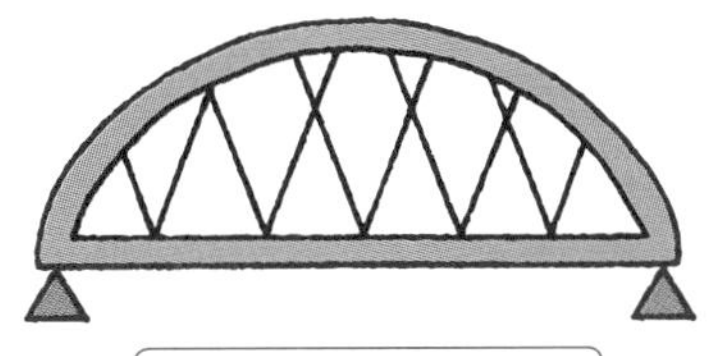

ニールセンローゼ橋

15 吊橋

長大化できる形

吊橋(つりばし)は、ケーブルやロープ、綱など曲がりやすいが引張強度の高い部材で桁や床版を吊り下げた橋です。ケーブルのように引張だけを受ける部材では、長くしても引張の強さを増せば破断しません。その結果、大きな力に抵抗できます。圧縮を受ける部材とは違い(圧縮部材は長くすると、座屈という不安定現象が生じて破壊します)、引張を受ける部材は長く(大きく)することができるのです。

大規模な吊橋は、両岸に大きな質量を持つアンカーブロックやアンカレイジと呼ばれる橋台とその橋台の間に2本以上の主塔を設け、その間に張り渡したケーブルから交通路となる桁を吊っています。ケーブルには引張力、主塔には圧縮力が作用します。ケーブルの材料には高強度の鋼、主塔には鋼やコンクリートが主に用いられています。吊橋はたわみやすい構造であることから、風に対する安定性に対して十分な検討を行う必要があります。それに伴って、ケーブルなどの定着部の設計・施工に注意する必要があります。

吊橋は、曲線形状(放物線形状に近いです)のケーブルからハンガーロープで橋床を吊った形の橋で、ケーブルが主部材としてほとんどの荷重を分担します。橋床を単にケーブルで吊った無補剛吊橋と、吊橋全体の剛性を増すために橋床部に補剛桁あるいは補剛トラスを用いた補剛吊橋があります。ケーブルは引張力を受けているので、強度の高い鋼材などが有効に利用できるため、主塔と主塔との間隔を延ばすことができます。ケーブルの両端は、一般にアンカレイジとよばれる巨大なコンクリートブロックに定着されますが、全長にわたって連続した補剛桁を用い、ケーブルの両端を補剛桁の両端に結合して、ケーブル軸力(引張力)のうちの水平方向の力をつり合わせた形の吊橋〔この形式の吊橋を自定(自碇)式吊橋とよびます〕もあります。

要点BOX
- 吊橋のケーブルは破断に強いが、風などによるたわみや定着部の設計・施工には要注意
- ケーブルの両端をアンカレイジで定着する

吊橋の特徴

瀬戸大橋

- ケーブルが主構造である
- 主塔を除けば、多くの部材は引張部材である
- ケーブルは主塔の頂点にすえ、両端はアンカレイジに留める
- スパンを長くできる
- 美しく、軽く、強い
- 耐風設計が必要となる

関門橋

吊橋に加わる力の流れ

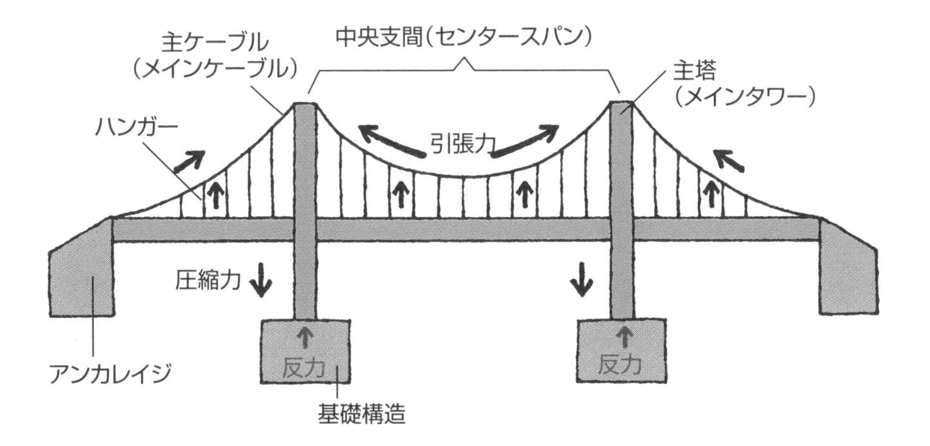

16 斜張橋

桁橋が進化した形

斜張橋(しゃちょうきょう)は、支間が大きくなって主桁だけでは荷重を支えきれない桁橋を、塔から斜めに張ったケーブルで支え、見かけ上、桁を支える間隔を小さくした多径間連続桁橋と考えることができます。その結果、主桁断面を小さくできるという特徴があります。桁橋ですから、当然主桁には曲げモーメントとせん断力が作用します。ケーブル(引張材)が斜めに張られているため、ケーブルに作用する軸力(引張力)のうち水平方向の力は主桁に軸力(圧縮力)として作用することになります。また、ケーブル軸力の鉛直方向の力は塔に軸力(圧縮力)として作用します。

近代的な斜張橋の始まりは戦後、ドイツでライン川に架けられたものとされています。少ない材料で架けるのに適していましたが、構造を決める計算や解析が難しく、長い間小さな橋を中心に使われていました。しかし、20世紀末頃から構造解析の技術が進歩し、施工技術の向上、外観の美しいことなどによって、長大な斜張橋がいくつも建設されるようになりました。

斜張橋では桁橋の支間の途中数箇所で、主塔上部から斜めにのびた多数のケーブルが直接橋桁を支えています。主塔側面の異なった高さから、斜め平行に張られる「ハープ型」と主塔の上部の1点から放射状に張られる「ファン型」の2つの基本形式があります。

吊橋と斜張橋は、いずれもケーブルの張力を利用した吊り構造という点では同じです。大きく異なるのは、斜張橋が塔と桁をケーブルで直結しているのに対し、吊橋は塔の間に渡した主ケーブルがあり、ケーブルから垂らしたハンガーロープで桁を吊っていることです。このため、桁に作用する力は、吊橋では鉛直方向の力だけですが、斜張橋では鉛直方向の力に加えて橋軸方向の圧縮力が作用します。吊橋では両端にアンカレイジという主ケーブルを繋ぎとめる重しが必要ですが、斜張橋では桁に作用する圧縮力とケーブルに作用する引張力を塔の左右でつり合わせます。

要点BOX

- ●斜張橋は主塔に結合された多数のケーブルで橋桁を支える吊構造形式の進化系
- ●桁には鉛直荷重に加え橋軸方向の圧縮力が作用

斜張橋の特徴

長崎 大島大橋

●吊橋では、ケーブルは主塔にのっているが、斜張橋では、ケーブルは主塔に結合されている
●一般的に大変美しい
●吊橋と比べてケーブルが少なくてすむ
●吊橋と比べて架設が比較的容易で速い
●丈夫な塔が必要

東京 中央大橋

斜張橋に加わる力の流れ

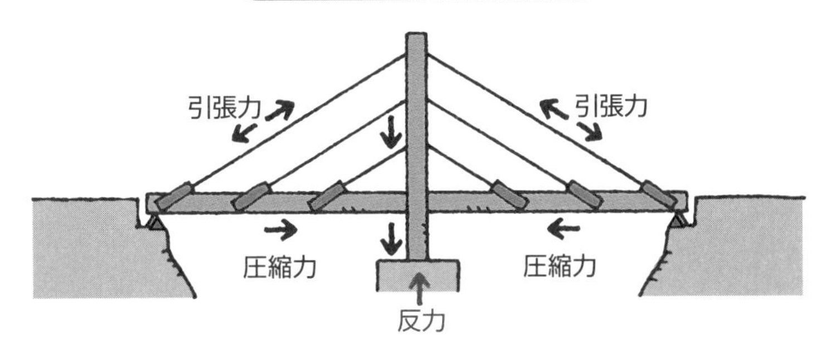

ハープ型(左)とファン型(右)

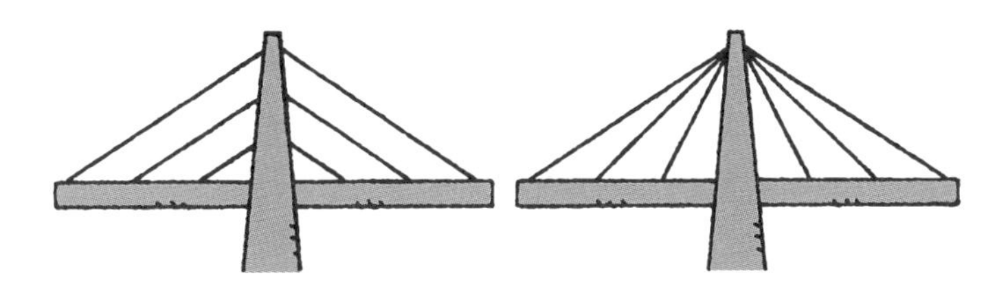

17 鋼橋

補剛材の使い方(座屈防止)に注目

橋に使われる材料は、わが国では、昔は木材が多かったです。その結果、部材同士を接合しなければならなくなり、部材が大きくなるとロープや鉄で接合部を補強する必要が生じました。このように木材と異なる材料を接合部に用いることには、特別な注意が払われました。その理由は、接合部の造り方やでき具合で、構造物全体の強さや耐久性が大きく変わるからです。そこで、今でも、構造物の強さや耐久性を調べるときには、接合部の状態に注目しています。この接合部の強さを大いに向上させたのが、鋼です。その意味で、橋における鋼の使用は、橋梁分野では画期的なことでした。

鋼とは、鉄に様々な化学元素を含ませて熱処理した材料です。鋼橋とは鋼板、形鋼、棒鋼や鋼管のような鋼材を加工・組立てて造ったものです。材料としての長所は、引張に強く、破壊に対する抵抗力が大きいため、薄い板で部材を形作ることができ、重量を軽くできます。接合の仕方によって、曲げに対する抵抗を大きくすることができます。薄い鋼板は、溶接や高力ボルトなどによって接合されます。このように、材料の加工性に富むため、成形しやすく、いろいろなデザインが可能で、用途に応じた既製品も入手しやすい特徴があります。部材の軸方向の接合には、施工現場においては、通常、高力ボルトが使われます。一般に、軽くて強く、構造の自由度が大きく、輸送・架設が容易で、色彩が選択できるとの長所があります。一方、短所としては、錆びやすいことが挙げられます。座屈や疲労と呼ばれる破壊現象に留意する必要もあります。鋼橋の主な形式には、桁橋、アーチ橋、トラス橋、吊橋、斜張橋などがあります。

鋼の単位体積重量は、コンクリートに比べて大きいですが、材料強度が高いので、橋では鋼橋の方が自重は小さくなるのが一般的です。軟弱な地盤上に橋を建設する場合には、鋼橋が有利とされています。

要点BOX
●橋の耐久性には接合部が関与している
●薄い鋼板は溶接や高力ボルトで固定する
●錆や座屈・疲労現象には留意が必要

鋼Ｉ桁の不安定現象を防ぐ補鋼材

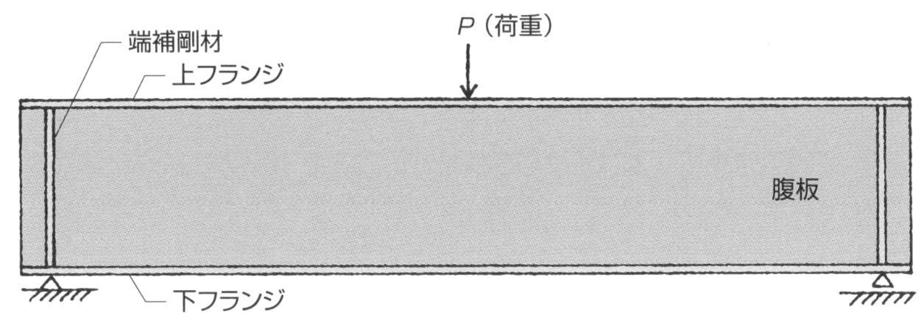

鋼Ｉ桁

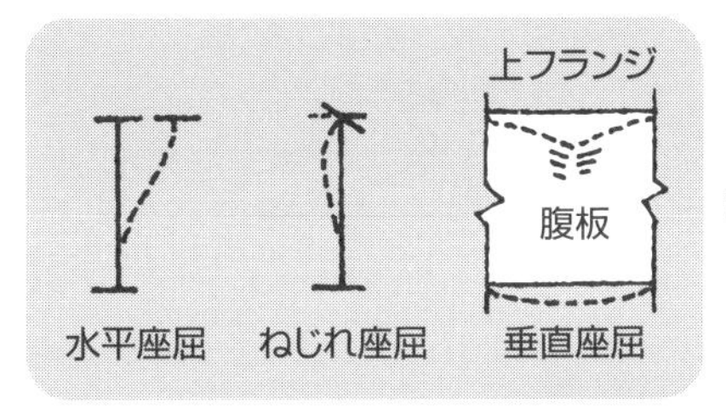

などの座屈（不安定）現象が生じる

座屈を防ぐために補剛する

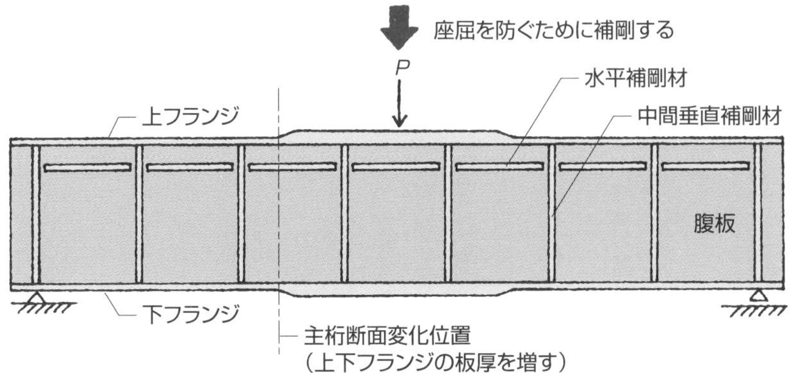

鋼構造の特徴

❶材料の強度が高いので、部材の断面を小さくすることができる。
❷材質が均質で、強度のばらつきが少ない。
❸部材は工場で製作されることが多いので、製作精度がよい。
❹疲労や座屈などの現象に注意する必要がある。
❺錆びやすいので、その対策を考える必要がある。
❻部材の改良･補強が比較的容易である。
❼工事期間が比較的短い。

18 鉄筋コンクリート橋

鋼材の使い方(配筋)に注目

コンクリート橋といえば、通常、鉄筋コンクリート橋を指します。鉄筋コンクリート橋は、英語でReinforced Concrete Bridgeと表現することから、RC橋とも呼ばれます。鉄筋コンクリート橋の歴史は浅く、まだ150年くらいの歴史しかありません。

材料としてのコンクリートは、砂や砂利(骨材)、水などをセメントで結合させた材料です。長所としては、圧縮に強く、型枠を用いることにより自由な形状寸法のものを造ることができ、材料が比較的安く、入手や運搬も容易なことです。一方、短所としては、引張や曲げに弱く、ひび割れが発生しやすく、重量の割に強度が小さいため、同じ支間長の鋼橋と比べて重たくなります。なお、定期的な塗装の塗り替えは不要で、塩害による錆の発生にも強く、騒音の発生が少なくなる点も特徴です。

コンクリートの強度に関する基本的性質は、引張力に対する強度が小さく、圧縮力に対する強度の12分の1程度です。したがって、橋の桁として利用する場合には、桁が曲げを受け桁の下の部分が引っ張られ、その部分にひび割れが入りやすくなります。この弱点を補うために、引張を受ける部分に鉄筋を入れて補強します。このことから、鉄筋コンクリート橋とよばれています。鉄筋としては、現在では、表面に突起を持つ異形鉄筋が使われており、丸鋼はほとんど使われていません。異形鉄筋は鉄筋とコンクリートの付着を良くするために考案されたものです。この鉄筋コンクリート橋には、床版橋、桁橋、アーチ橋などがあります。

鉄筋コンクリート橋は、振動の振れ幅が相対的に小さいので、騒音・振動に対して有利とされ、鉄道橋によく利用されます。

要点BOX
- コンクリート橋の引張の部分に鉄筋を入れて補強した鉄筋コンクリート橋
- 床版橋、桁橋、アーチ橋などがある

鉄筋コンクリートの桁

コンクリート上縁側は圧縮応力、下縁側は引張応力を受けることになる。引張側に鉄筋を配置すると、コンクリート部分にひび割れを生じても、鉄筋が引張応力を分担し、ひび割れの開口を抑制する

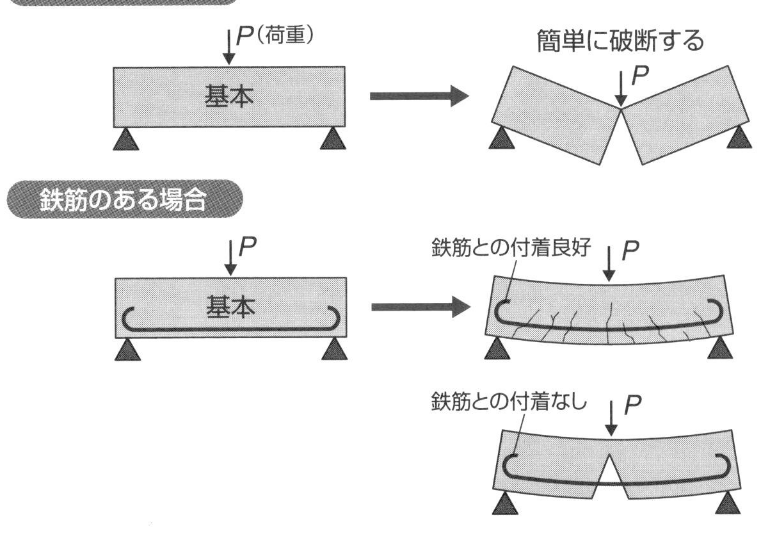

鉄筋コンクリートの桁の成立の理由

① コンクリートと鉄筋の間の付着が良好であるため、互いに協同して外力を負担しうること。

② コンクリート中に埋め込んだ鉄筋は、コンクリートの品質および施工が良好ならば、セメントペーストのアルカリ性に保護され、錆を生じず十分な耐久性を示すこと。

③ コンクリートと鉄筋の熱膨張係数は、前者 7 ～ 13 × 10^{-6} ／℃、後者で 11 ～ 12 × 10^{-6} ／℃であって、通常の範囲の温度変化によっては、熱膨張係数の相違によって両者の間に生じる応力を考えなくともよいこと。

鉄筋コンクリート構造の特徴

❶構造物の形状や寸法を比較的自由に決められる。
❷耐久性･耐火性･耐震性にすぐれている。
❸ひび割れが生じやすく、局部的な破損も生じやすい。
❹比較的維持管理や修繕の費用が少ない。

19 プレストレストコンクリート橋

コンクリート橋の長大化に注目

プレストレストコンクリート橋（Prestressed Concrete Bridge）は、コンクリートの引張に対する弱点を鉄筋コンクリート橋よりもさらに補強するために、緊張材を用いてあらかじめコンクリートを圧縮しておく構造です。略してPC橋とも呼ばれます。PCの技術を用いることによって、コンクリートの最大の弱点（圧縮には強いが引張には弱い）を克服することができます。コンクリートに「プレストレス（緊張力）」をかけるには、「PC鋼材」と呼ばれる高強度の材料を使います。プレストレストコンクリートをつくるためには、PC鋼材を引っ張って、張力を与えた後にコンクリートに固定します。プレストレスの与え方には、プレテンション方式とポストテンション方式の2つがあります。プレテンション方式は、PC鋼材をあらかじめ所定の位置に設置し、力を加えて緊張しておき、これにコンクリートを打ち込み、硬化した後に緊張力を解放してプレストレスを与える方式です。

ポストテンション方式は、コンクリート部材が硬化した後に、その内部に設置されたPC鋼材を緊張する方式です。コンクリートの桁を圧縮するために、コンクリート中のPC鋼材を引っ張って、その引っ張られたPC鋼材の引張力を圧縮力として伝えると、コンクリートには圧縮力が入るので、少し引っ張られてもほとんどの部分が圧縮領域にとどまり、引張によるひび割れが入りにくくなります。このようにコンクリートを補強すると、部材断面を小さくすることができ、PC桁の支点間距離を大きくすることができます。さらに、構造的に強度が増すだけでなく、耐久性・水密性も増します。プレストレストコンクリート橋にも、床版橋、桁橋、アーチ橋などあります。

PC鋼材をコンクリート部材の内部に配置する方法を内ケーブル工法といいます。それに対してPC鋼材をコンクリート部材の外部に設置する方法を外ケーブル工法といいます。

要点BOX
- ●緊張材（PC鋼材）を使ってコンクリートを圧縮（プレストレス）したPC橋
- ●内ケーブル工法と外ケーブル工法がある

鉄筋コンクリートの桁（RC桁）と
プレストレストコンクリートの桁（PC桁）

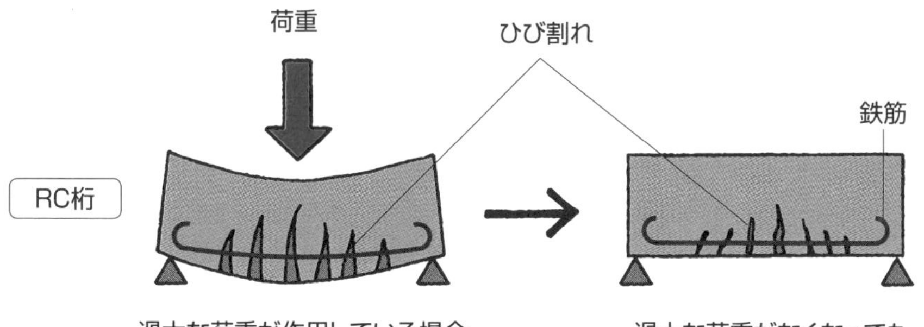

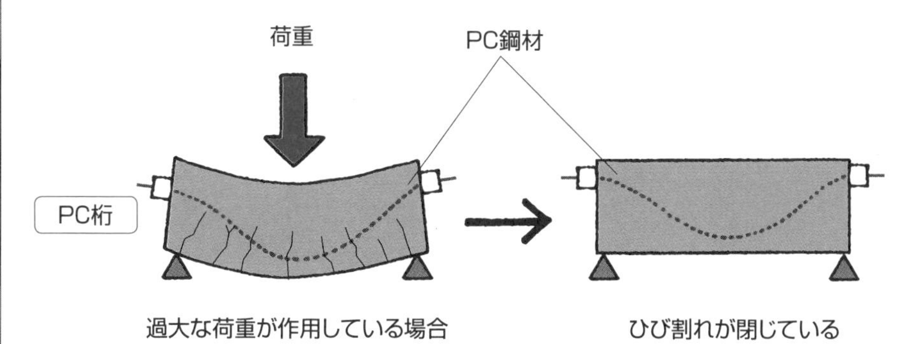

出典：プレストレストコンクリート工学会より改変

PC構造の特徴

❶設計荷重を受けても、ひび割れを生じない構造物を、合理的に経済的に造ることができる。
❷コンクリートの全断面が有効に利用できるので、RC構造に比べて、断面寸法を小さくできる。
❸一般的に、弾力性があり復元性が強いので、衝撃荷重や繰り返し荷重に対する抵抗力が大きい。
❹PC鋼材のような高強度鋼材は、高温に対して強度は急激に低下するので、耐火性を考えるときには、鋼材を広く分布させるとともにかぶり（コンクリート表面から鉄筋表面までの最短距離）を大きくする必要がある。
❺作用する荷重の大きさや方向に敏感であるため、製作・運搬・架設には注意する必要がある。

20 複合橋（合成橋・混合橋）

鋼とコンクリートの利用方法に注目

鋼橋の項でも説明したように、鋼材は大きな引張力に耐えることができます。この特性を活かして、鋼材とコンクリートを組み合わせることで、コンクリート単体の橋に比べて建設コストを抑えることが可能となります。特に、桁を軽量化することは、重さを支える橋脚も細くできるという二重の効果があるため、コストダウンの決め手となります。そこで考案されたのが、桁橋の構造形式を変えずにコストダウンに取り組んだ、鋼・コンクリート複合橋です。代表例である合成橋は、断面が2種類以上の材料によって構成され、一体として挙動する部材で造られた橋です。一般的には、鋼桁の上にRC床版をのせ、両者をずれ止めで結合したものを指します。RC橋やPC橋は合成桁の範疇からは外れます。その他、部分的に合成構造を利用した例としては、鋼管や矩形断面鋼柱の中にコンクリートを充填した鋼管コンクリート柱、鋼製床組をコンクリートに埋め込んだ床版、鋼板とコンクリートを合成した床版などがあります。混合橋は、2種類以上の異種材料からなる部材を接合して造られる橋です。連続桁、ラーメン橋、斜張橋等、種々の構造形式があります。

複合橋の特徴は、鋼とコンクリートのそれぞれの長所を組み合わせることで、①強度・剛性・耐久性・耐火性などを向上、②鋼部材の架設時の支保工や架設工や工期に制約があるときの急速施工用に利用できる、③コンクリートと鋼の置き換えにより重量のバランスが図れる、④靭性や拘束効果が期待できる、⑤耐震補強を含めて補修・補強が必要なときに対応できる、などがあります。

複合橋は補修・補強・改良等が難しい場合があります。特に、鋼とコンクリートの複合橋では、配筋やコンクリートの締固めの作業の難易度を考えて設計・施工する必要があります。

- 鋼とコンクリートを複合した合成橋とさらに複数の異種材料からなる混合橋
- 維持管理を意識した施工が必要

複合構造とは

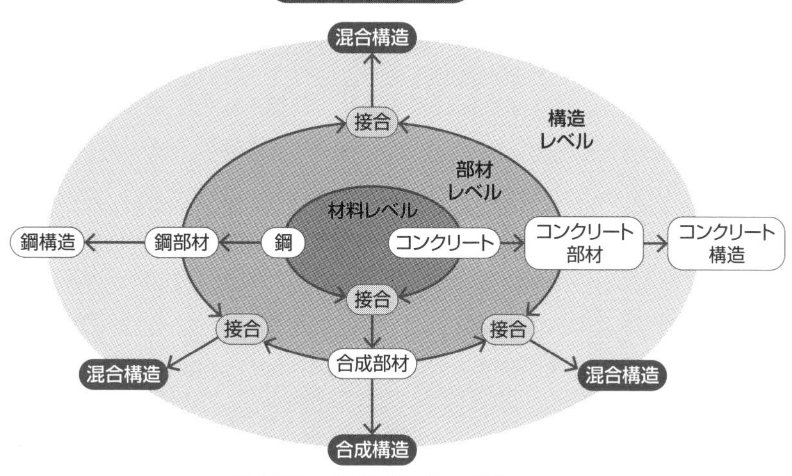

複合構造＝合成構造＋混合構造

合成構造

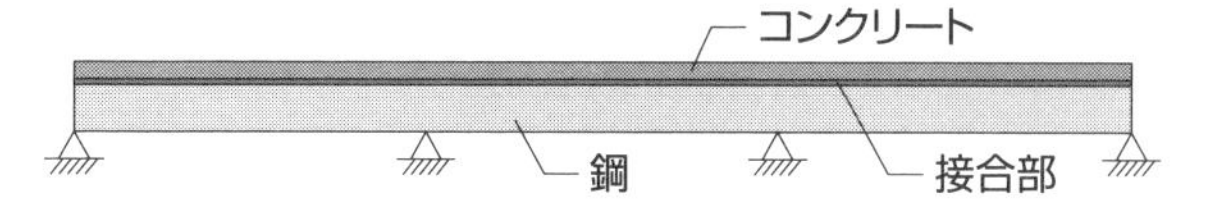

混合構造

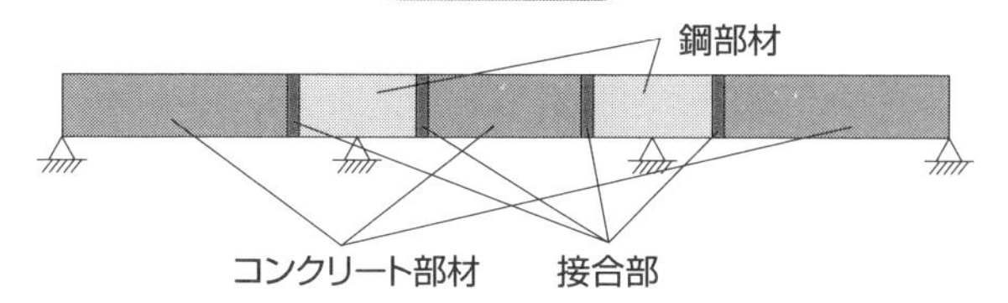

構造対象から見た土木分野の複合構造

橋梁上部工	合成I桁橋
	合成箱桁橋
	合成トラス橋
	合成床版橋
	合成ラーメン橋
	合成アーチ橋
	複合PC橋
	複合斜張橋
橋梁下部工	合成橋脚
	複合基礎工

21 新しい材料を用いた橋

新しい橋の形の可能性に注目

FRP（Fiber Reinforced Plastics）を主構造材料とした歩道橋は、その高耐食性や軽量性によるメリットが評価されて近年増加しつつあり、橋梁点検路や港湾用歩道橋、横断歩道橋の階段部分などに適用が検討されるだけでなく、軽量化、耐久性に優れているため、将来の超長大橋の建設のための一端を担う新材料としても注目されており、研究開発が現在、盛んに行われています。

FRPはもともと繊維を内部に含んでいるので、光ファイバなどを応用する材料のモニタリング技術に利用されています。FRPの特性を列挙すると、比重は鋼材の1／4～1／5で、比強度が高く、衝撃に強いですが、ヤング係数が鋼材に比べて小さいので曲げやたわみは大きくなります。鋼材は錆びやすい材料ですが、無機質であるガラス繊維とポリエステル樹脂の複合材料であるFRPは、耐食性に優れています。さらに、耐水性、電気絶縁性、電波透過性などの電気的特性に優れていることも魅力です。

特に、鋼部材やコンクリート部材に比べ、加工性に優れているので、切断やライニングなど、現場加工やメンテナンスが容易になります。

一方、アルミニウム橋は軽金属材料であるアルミニウム合金を用いた橋で、橋の自重を軽減できる長所があります。軽量かつ高耐食性な材料としてアルミニウム合金は広く使用されています。アルミニウム合金の数ある特性を列挙すると、①軽い（鋼の約1／3）、②強い（引張強さを比重で除した比強度が高い）、③耐食性が良い、④加工性が良い、⑤電気をよく通す、⑥磁気を帯びない、⑦熱をよく伝える、⑧低温に強い、⑨光や熱を反射する、⑩毒性がない、⑪美しい、⑫鋳造しやすい、⑬接合しやすい、⑭真空特性が良い、⑮再生しやすい、などが挙げられます。

ただし、鉄など異種金属接触による腐食が懸念されますので、それに対する配慮が必要です。

要点BOX

- ●耐食性や電気的特性に優れたFRPを主構造材料にした歩道橋が注目されている
- ●アルミニウム合金製は軽くて腐食しにくい

アルミニウム橋など

ミレニアムブリッジ(ロンドン):アルミニウム合金製

モンメール橋(フランス):アルミニウム合金製

東京羽田のD滑走路桟橋部の
チタンカバープレート

FRPは、現在、鋼構造の補強や、コンクリート構造の緊張材や鉄筋代替材として使われていますが、FRPを利用した橋梁としては、歩道橋や応急橋などがあります。アルミニウム合金は、写真に見られるようにロンドンのミレニアムブリッジが有名です。歩道橋としてアルミニウム合金の美しさが光っています。フランスには、吊材、落下防止ワイヤー、舗装以外はすべてアルミニウム合金製のモンメール橋があります。FRPやアルミニウム合金以外にも、鉄鋼材料関係では、ステンレスやチタン(写真)が利用されています。将来は、センサ機能を持つ高性能材料や、損傷を自己治癒できる超長寿命な材料などが利用されるようになるでしょう。

Column

楽しく学べる いろいろな橋の形

いろいろな形の橋が見られるということは、橋に興味を持つ者の共通の喜びです。都市内で見られる歩道橋は、多くの場合、道路や鉄道の上を跨ぐ、跨道橋あるいは跨線橋です。道路や鉄道の通行を阻害しないようにしつつ、空間を有効に利用するために、跨道橋（跨線橋）を設置することになります。道路や鉄道を跨ぐときと同じように、通常の川を渡る橋の場合は、そのまま橋を架ければよいのですが、船の通行を考えると、橋の下の空間を船が通れるだけ空けておく必要があります。その一方で、橋そのものは、できるだけ平らにして、人や車、鉄道を通行させなくてはなりません。そのため、都市部の橋には特別な工夫がなされた橋があります。それが、可動橋と呼ばれる橋です。可動橋は船舶の航行時に邪魔にならないように橋桁を開閉できるようにした橋です。橋の開閉方法によって①跳開橋、②昇開橋、③旋回橋などに分けられています。このような橋が使われる理由は単純で、たくさんの車や人が通行するときに高いところまで昇り降りするのが大変だからです。できれば普通に私たちが使っている道の延長線上の高さに橋があると便利です。こういうこともあって都市部において、可動橋が使われることが多いのです。

人や車や鉄道が通行している橋を見ることは多いでしょうが、水を通す橋もあります。水路橋と呼ばれ、ローマ時代のポン・デュ・ガールやセゴビアの水路橋は観光地として有名ですが、京都にも赤レンガでできたアーチ構造の水路橋が南禅寺の中に今でもあります（写真参照）。

　現在では、水路橋といえば、水路を支える橋の総称であり、開水路橋と水管橋とに分けられます。また、橋をかけてその上に水路を載せる形式と、上部構造を水路自体とする形式とに分かれます。

可動橋 ①跳開橋（日本）

②昇開橋（アメリカ）

③旋回橋（イギリス）

水路橋（京都南禅寺）と上から見た水路

橋はどのように計画・設計する?

22 橋を計画するときの考え方

橋のある時空間を総合的に考える

　橋の設計は、一般に橋の機能や要求性能の設定に始まり、構造計画、構造詳細の設定、性能評価という流れで行われます。具体的には、構造計画では、ライフサイクルマネジメントやサステイナビリティの観点から、構造特性、使用材料、施工方法、維持管理の方法、社会・環境との適合性を考慮して、冗長性(リダンダンシー)や頑健性(ロバスト性)を有する橋となるように要求性能を設定し、構造形式、維持管理の方法等の設定を行います。また、橋の使用目的と機能を達成するために要求される性能については、供用期間を通じて要求性能を満足する構造形式、使用材料、施工方法、維持管理の方法の基本計画等を決定することになります。具体的な構造計画では、計画理念や要求性能等に合致するように、構造形式の選定を通じて、適切な構造形式、主要寸法等を定めることになります。その上、関係する計画の必要条件や法令等を遵守し、設計供用期間中の安全性、使用性、修復性、施工性、維持管理の方法、構造物の更新、社会・環境との適合性および経済性等を考慮して総合的に検討します。

　構造計画において検討事項が生じた場合には、構造設計段階へ伝えるとともに、保存・管理しておきます。構造形式、維持管理の方法等の設定においては、安全性、使用性および修復性などの諸性能を確保できるようにするだけでなく、想定外の事象を考えることも忘れてはなりません。より具体的な検討事項としては、決定路線の線形に基づき橋の最適位置を検討すること、外的諸条件を満たすこと、構造上安定で経済的なものであること、施工が確実にでき容易であること、耐久性があり維持管理上優れていること、走行上の安全性や快適性を考えること、周囲との調和など景観に配慮すること、定められた設計基準の活用を図ること、環境に対する影響に配慮することなどが挙げられます。

要点BOX
- ●橋の設計では供用期間に要求される性能をすべて満足する構造が必要
- ●要求性能は安全性、使用性、修復性など

計画時の検討事項

- 決定路線の線形に基づき橋の最適位置を検討すること
- 外的諸条件(関係機関との協議を含む)を満たすこと
- 構造上安定で経済的なものであること
- 施工が確実で容易であること
- 耐久性があり維持管理上優れていること
- 走行上の安全性や快適性を考えること
- 周囲との調和など景観に配慮すること
- 定められた設計基準の活用を図ること
- 環境に対する影響に配慮すること

道路橋を計画するときの流れ

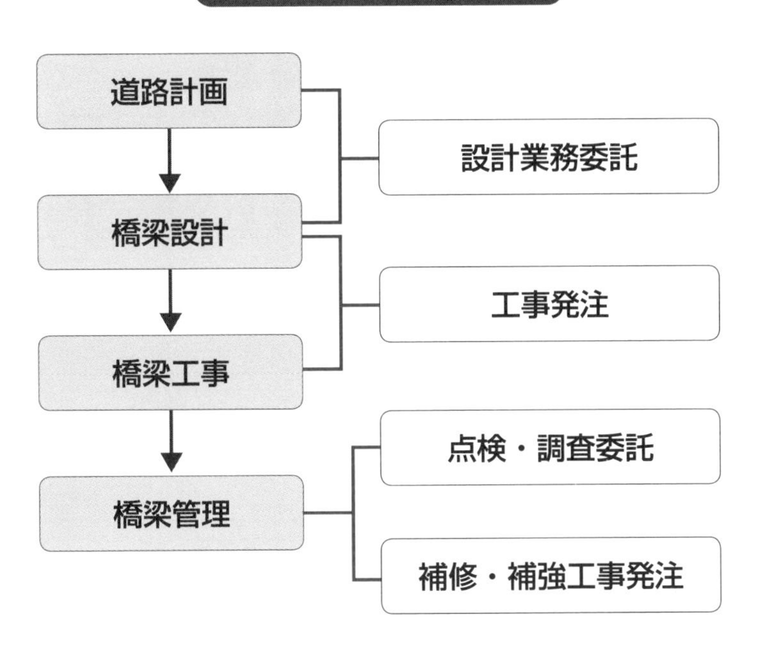

23 橋を架ける場所を検討するときの考え方

現地調査を重視して決定する

橋の計画は総合的に考える必要があります。まず道路や鉄道の路線に合わせて、どこに橋を架けるのが最適かを総合的に考えます。このとき、路線条件、自然条件、環境条件などの諸条件を関係する機関と協議します。また、経済的であること、造りやすいこと、耐久性があり維持管理がしやすいこと、車や鉄道が走行するときの安定性が保てて快適であること、周囲の景観と調和していること、環境に及ぼす影響が悪くないことなどが要求されます。

橋は、一般的に橋周辺の土木工事と比較して工費が高いことや損傷した場合の補修が容易ではないことから、建設位置については、経済性、施工性、安全性などを考えて決定します。また、軟弱地盤地帯を通る場合には、土工部においても軟弱地盤対策費を考慮すると、橋より高価となる場合があるので、留意して計画します。

橋を計画するときに考慮する条件としては、橋長、支間長、橋台・橋脚の位置・方向、桁下空間、および基礎の根入れ深さなどですが、これらは、地形、基礎地盤の状態などによるほか、交差する河川や道路などの各管理者の意向が重要な要素になりますので、事前に十分な基礎地盤調査を行うとともに、各管理者とも協議して必要条件を設定します。

構造上安定で経済的であることについては、十分検討する必要があります。ただし、構造上安定で、かつ経済的であっても、施工が難しければ優れた橋にはならないことから、施工の信頼性・容易性についても十分に検討する必要があります。道路橋における維持管理問題は、伸縮装置、支承などに発生することが多いので、注意が必要です。集める情報としては、橋を架ける場所周辺の構造物、ガスや水道などの地下埋設物、電線などの上空占有物などに障害はないか、周辺環境で耐久性に影響する海風や有害な排気ガスの飛来がないか、などがあります。

要点BOX
- ●橋路線選定と建設位置の決定では周囲の環境や経済性、施工性、安全性などを考慮
- ●基礎地盤調査と周辺の障害物確認が必要

注意すべき地形・地質、懸念される現象および調査項目の例

注意すべき地形・地質	懸念される現象	主な調査項目
・上部から下部に向かって滑落崖、緩傾斜、舌端部を有する地形	・時間をかけた地すべり土塊の移動	・災害履歴、地すべり指定地の有無 ・地すべり土塊の分布(平面、深度) ・地下水分布 ・現在の活動度
・地層の傾斜が地形(切土)の傾斜と同一方向に傾斜している地盤	・将来的な斜面崩壊、地すべり	・近傍の災害履歴、対策工の有無 ・地層の傾斜方向、割れ目、層構造 ・湧水の有無
・中流又は下流部の緩傾斜に土石流による土砂が堆積した地形	・豪雨時の突発的な土石流	・災害履歴、土石流危険渓流の指定の有無 ・渓流調査
・上部に不安定な浮石、転石が存在する斜面 ・亀裂が発達し不安定な岩塊が存在する斜面	・将来的な落石、崩壊	・近傍の災害履歴、対策工の有無 ・落石の発生源・経路 ・不安定岩塊の分布状況
・山麓や谷沿いに崩壊物が堆積した地形(崖錐)	・将来的な落石、崩壊	・崖錐の分布(平面、深度)、硬軟、安定性 ・湧水の有無
・過去の断層作用の結果生じた直線性のある地形	・施工時の湧水、崩壊の発生 ・地震時の断層変位	・断層の分布(平面、傾斜方向) ・断層破砕帯の安定性、湧水の有無 ・断層の活動度
・石灰岩地帯において地下水の流れや空洞の陥没により生じた凹状の地形 ・防空壕跡や採掘など	・地盤陥没・沈下	・石灰岩の分布状況と空洞の有無 ・過去の土地利用履歴

出典:「道路橋示方書・同解説IV」(日本道路協会、丸善出版、2012年)

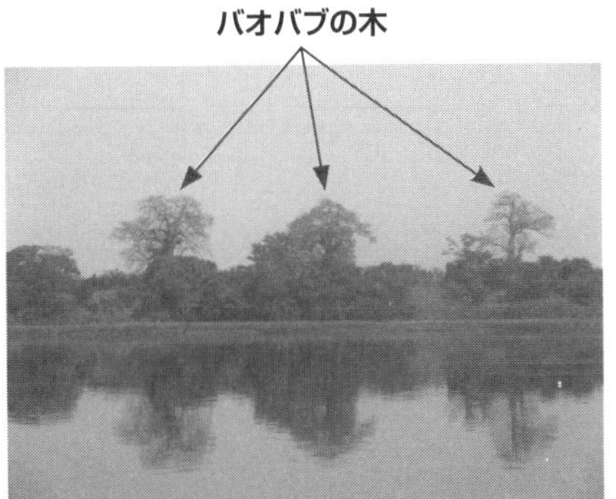

架橋予定の川(アフリカ)
架橋地点は、国による違いが大きい。

24 橋の形と上下部構造を選定するときの考え方

バランスを考えて選定する

橋の形は基本的に自由に決めてよいのですが、安全性・耐久性・経済性などを考えるとそれほど自由度があるわけではありません。人や車両が安全に渡れることだけでなく、道路橋や鉄道橋として100年以上利用することを考えて、環境に悪い影響を与えず、周囲の環境とも調和し、将来の維持管理にも容易に対応できるように、橋の形を考える必要があります。

2章で示したように橋の種類は多く、どのように1つの形を選ぶかは重要な作業です。上部構造に目が行きがちですが、上部構造と下部構造は互いに関連しているので、同時進行で考える必要があります。

説明の都合上、まず下部構造を選ぶところから説明します。地質や地盤の状況をよく観察するとともに、障害物の有無、工事期間、部材・資材の輸送、橋を架ける地点の特殊性などを考えて、基礎の形式を選びます。また、地盤条件は、支持する層の位置と強さで決まります。一般的には、支持する層が弱いほど、また基礎の受ける力が大きいほど、丈夫な基礎を造る必要があります。基礎の役割は橋を安全に支えることにあり、基礎や下部構造の形式を選ぶ場合、上部構造の特性も考えなければいけません。

次に、上部構造の形です。上部構造についても数多くの形があるので、周囲の環境との調和や下部構造とのバランスに配慮して決めることになります。一般的には、橋の代表的な長さである支間長により大体の目安がつくようになっています。最終的には、橋の寸法や形状が、路線の計画に合っているか、各形式を支持できるだけの十分に強固な地盤があるか、橋としての機能に見合った費用で建設できるか、橋の形式が周囲の景観と調和しているか、完成後の維持管理は容易であるか、などを考えて形を決めます。最近では、景観や環境へ配慮して、橋の形や構造の決定には、3次元のコンピュータグラフィックスが積極的に利用されています。

要点BOX

- 上部と下部の構造は同時進行で考える
- 上部構造の選択では周囲の環境との調和と下部構造とのバランスが重要

橋梁形式選定の流れ

① 架橋地点の条件の整理
地形、地質、交差条件、施工条件など

↓

② 橋梁形式の仮定と比較
橋長、支間割、斜角、上下部構造形式、連続径間数、支承条件など

↓

③ 総合的な判断で形式決定
経済性、施工性、耐震性、耐久性、維持管理、景観、環境など

橋の形式を選ぶときの参考支間長

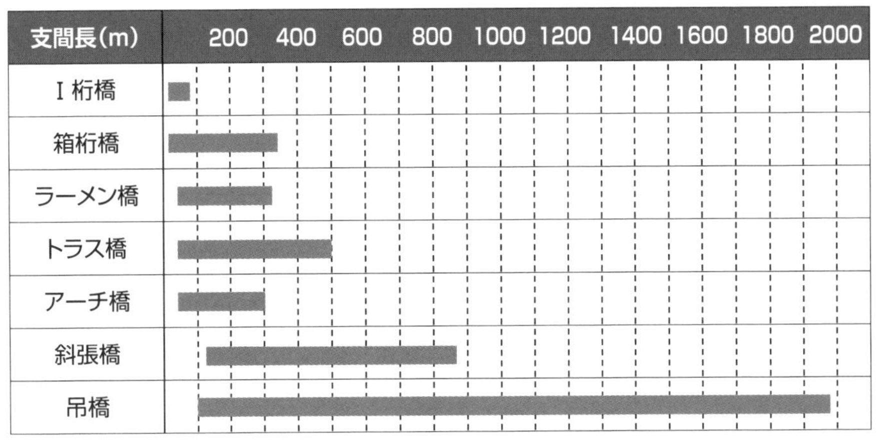

※日本におけるデータ

25 橋を設計するまでの考え方

規格や基準をチェックする

橋の設計の目的は、外部からのいろいろな荷重(作用)に対して、橋が適切に抵抗できるかどうかを検討することです。このことを実現するためには、橋の状況と状態を明確に把握する必要があります。さらに橋の状況や状態を定量的に評価するときに100%確定した評価を下すことは難しいので、それぞれの値にバラツキがあることを考えます。確率を考えて諸数値を決めていくことが基本になります。具体的に説明すると、橋の設計とは、規則で決められた荷重(作用)に対して橋の各部分(部材や接合部など)に働いているいろいろな力(曲げモーメント、せん断力、軸力など)を求め、これらの力に抵抗できるような材料と形状・寸法(高さ、長さ、幅など)を決めることです。長期間にわたって安全で、十分な機能を発揮し、かつ最小限の費用で橋を造るためには、使用する材料を適切に選び、橋を構成する部材の断面形状・寸法を決め、図面を作り、現地での施工方法や必要な機材類を明らかにしなければなりません。また、建設するまでに要する期間も当然考慮します。

設計条件が決まれば、橋を構成する部材の配置や断面形状・寸法を決定することができます。この決定に必要な計算を設計計算あるいは構造計算と呼びます。力学の知識を用いて、設計のための規則に従って、安全性・使用性・耐久性などを検討します。部材の断面形状・寸法が決まると、製作するための図面を描くことになります。図面ができあがると、架橋のために必要な材料の一覧表を作成します。この段階で、建設費が概算できます。この他にも橋の設計にはいろいろな作業があります。例えば、鋼橋と鉄筋コンクリート橋では部材の造り方が異なります。鋼橋は工場で部材が造られ、現地では組み立てることが中心になるのに対し、鉄筋コンクリート橋では架橋する現地で生コンクリートを打ちながら橋を架けることが多くなります。

要点BOX

- 荷重(作用)に抵抗できる構造を決める
- 構造計算で部材の配置、形状、寸法などを計算
- 設計の考え方は使用材料によらず同じ

橋梁計画および設計フロー(道路橋)

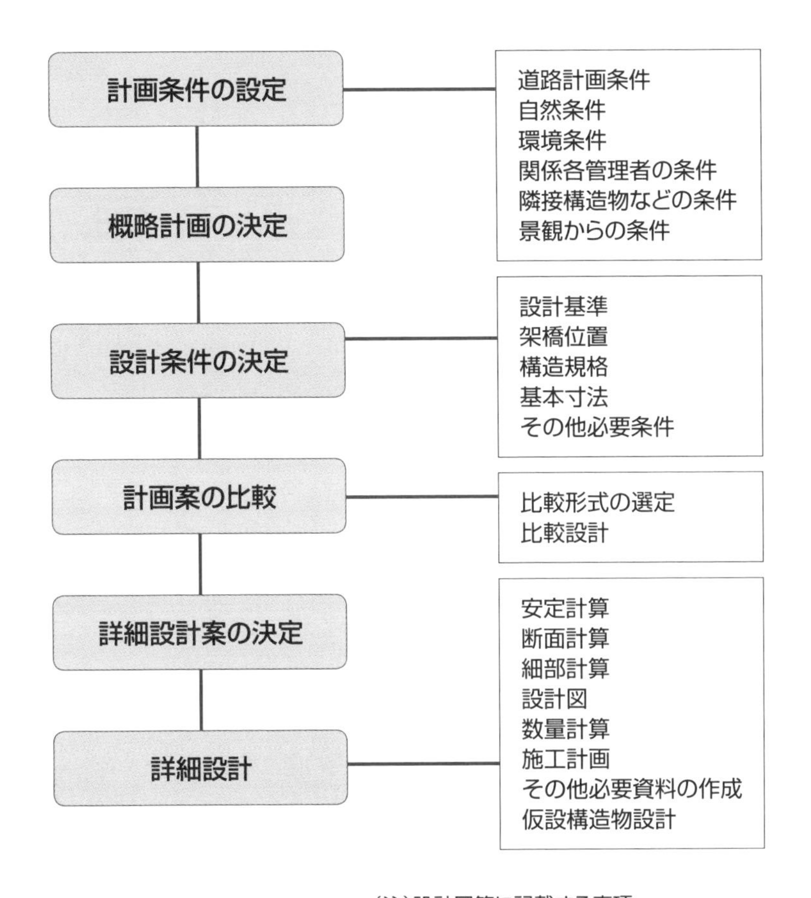

(注)設計図等に記載する事項
(1)路線名および架橋位置
(2)橋名
(3)責任技術者
(4)設計年月日
(5)主な設計条件
①橋の種別、②設計概要
③荷重の条件、④地形･地質･地盤条件
⑤材料の条件、⑥製作･施工の条件
⑦維持管理の条件、⑧その他の必要事項

26 橋を設計するときの基本

常に全体像を意識する

上部構造の設計は、設計条件の設定から始めます。部材の配置、断面形状・寸法を仮定し、想定される最大値相当の荷重による力に対して上部構造が十分抵抗できるかどうかを検討します。昔は、手作業でこの検討のための計算を行っていましたが、現在では、コンピュータを用いて、設計のための計算を行っています。CADを用いて、構造計算や部材の照査はもとより、設計図まで描けるようになっています。強度の検討だけでなく、使用性、耐久性、耐震性、耐風性など要求される性能に対しても検討を加えます。

これらの検討が終わると、細部の設計に移ります。細部設計では、まず、設計基準などに従って、荷重の種類と大きさ、使用材料などの諸条件を決めます。次に構造計算によって部材に生じる断面力(曲げモーメント、せん断力、軸力など)を求めます。その後、求められた断面力を用いて、部材が安全かどうかを照査することになります。適切でないと判断された場合には、設計条件の設定に戻って、断面寸法などを修正し、再度構造計算します。この照査が終了すると設計図を作成します。設計図は、橋全体を示す一般図と橋の細部を示す詳細図よりなっています。

次に、下部構造の設計についてですが、下部構造は、上部構造を支えるために十分安定性が確保できる構造としなければなりません。そのための設計の基本は、基礎が沈下したり、転倒したり、滑ったり、応力や変形が過剰になったりすることがないように設計することです。安定性が確かめられると、下部構造を構成する部材の断面形状・寸法を計算により決めます。この断面形状・寸法は、上部構造の場合と同じように、作用する力に対して十分抵抗できるように決定されます。

最後に、設計図に基づき、使用する材料の量を計算し、材料表を作成します。この材料の量が材料費に直接結びつくので、材料の選択は設計においてきわめて重要です。

要点BOX
- ●構造計算終了後に安全かどうかを照査する
- ●上部構造を支える下部構造の安定性
- ●設計者の意図は施工者に設計図で伝える

上から下に向かって設計していく（最後は地球が支える）

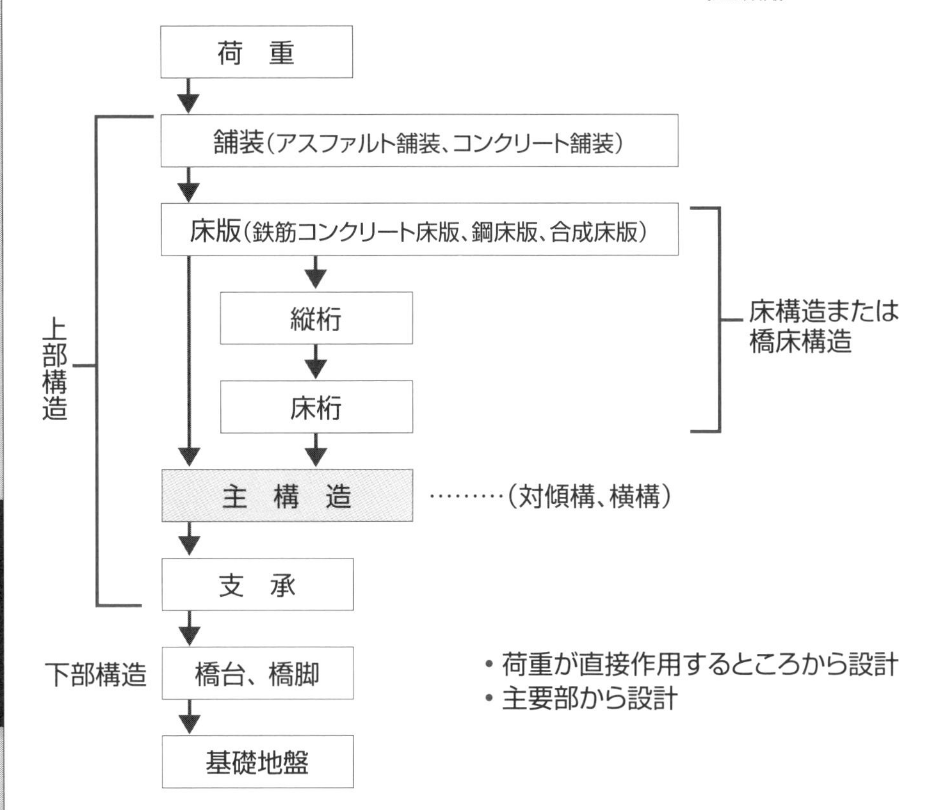

橋を設計するときの考え方

❶ “適材適所”と“細かいところは単純に”をモットーに

❷ 設計では、必要な剛性、十分な強度、高いじん性（粘り強さ）、健全な接合部をキーワードに

❸ 設計関連の研究では、①理論的研究、②数値解析的研究、③実験的研究、④応用研究の4フェーズに注目

27 設計のための基準の概要

荷重や材料などには約束ごとがある

設計のための基準類は、橋がその目的と役割を果たすために必要な機能と性能を確保することに関する基本的な考え方を示すものです。

橋の設計・施工・維持管理にあたっては、その目的、設計供用期間、果たすべき機能および要求性能を定め、設計供用期間内において想定すべき荷重（作用）を適切に設定した上で性能が確保されていることを確認します。性能の確保では、新設・既設橋の区別なく、主に橋の目的、機能、要求性能、性能照査の4段階を考えることが大切です。橋の目的・機能や重要度を考慮して決められた要求性能には、一般に安全性、使用性、修復性、耐久性などがあります。さらに、性能照査では、橋が施工中および設計供用期間を通して、設定された要求性能を満足していることを確かめることになります。

これまで荷重（作用）や材料について触れてきましたが、実は、想定する荷重や使用できる材料には、約束ごとがあるのです。橋に作用する荷重（作用）としては、考えられるすべての荷重を考えるのが原則です。そのため、設計のための基準がどの国でも準備されていて、その基準を参照して設計することになります。設計基準では、設計のために最小限守るべき事項しか記述されていないので、経験値も数多くあります。考えられる荷重（作用）そのものについては、物理的に最大の荷重を設計のための荷重とすることは難しいので、その地域での過去の最大の値、あるいは、現実的に考えて最大値と考えられる値を設計に用いる荷重としています。さらに、すべての荷重が同時に作用することは確率的に小さいため、橋の種類や橋が架かっている地点、橋の構造などによって、荷重の組み合わせや組み合わせる荷重の数を調節します。

また、橋に使用してもよい材料の種類とその強度などについても、設計基準の中に記述されています。

要点BOX
●約束ごとをまとめたものが設計基準
●設計基準を参照して設計する
●使用できる材料と強度も設計基準で規定

省令・告示・解説の構成

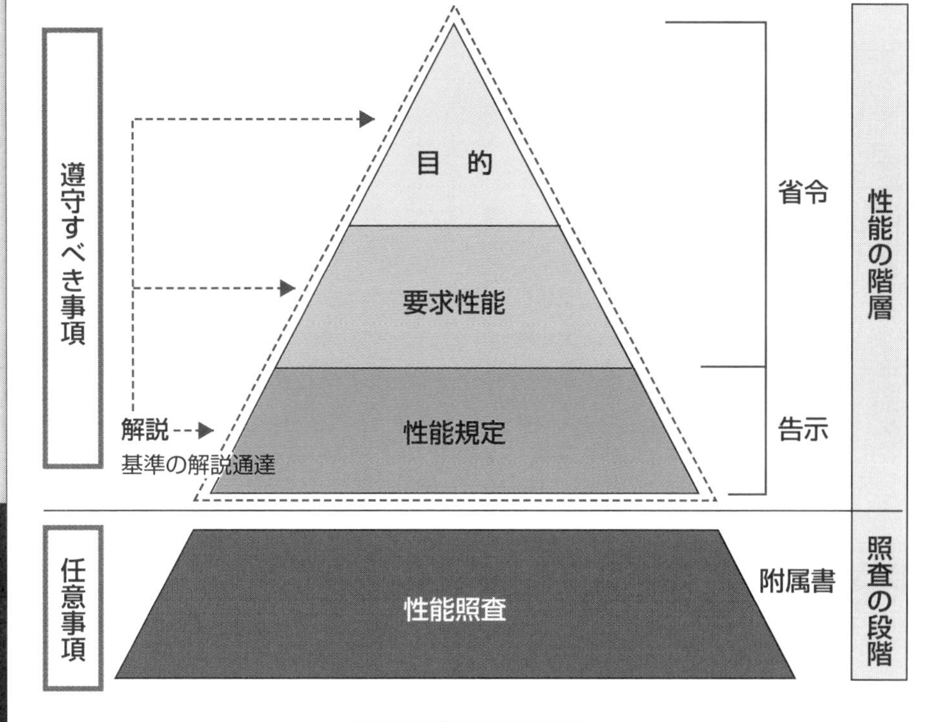

設計基準の書の例

道路橋の設計基準

「道路橋示方書・同解説」
（日本道路協会、丸善出版）

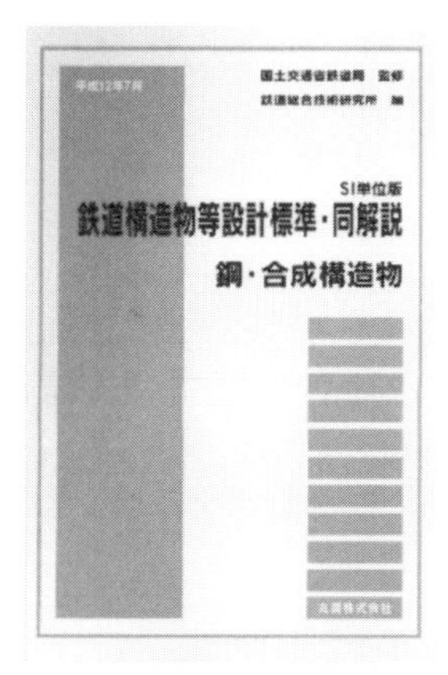

鉄道橋の設計基準

「鉄道構造物等設計標準・同解説」
（鉄道総合技術研究所、丸善出版）

28 橋を設計するための荷重(作用)

荷重の組合せを考える

設計基準類では、橋に対する作用を厳密に扱うため、**左上表**に見られるように荷重という表現を広げて作用を使用し、荷重と作用を区別しています。本書では、主として荷重を扱っていますので、作用の代わりに荷重を主に使います。正確を期す場合には、適時荷重を作用に置き換えて、再考してください。

荷重の分類としては、時間的変動を考慮した区分として与えられる永続荷重・変動荷重・偶発荷重(**中図参照**)と、直接作用・間接作用・環境作用に分けられます。設計・施工・維持管理の各段階の性能評価においては、橋の目的や構造形式に応じた荷重とその組合せを適切に選択する必要があります。性能評価に用いる荷重の応答値を設計応答値と呼びます。

荷重の設計値は、要求性能に応じて決めます。原則的には安全性の要求性能に対しては、設計供用期間内で想定しうる十分に大きい値とし、使用性の要求性能に対しては、設計供用期間内に比較的しばしば生じる値をとっています。疲労の影響を考慮する場合など、確保すべき性能の種類も多様ですので適宜適切な判断が必要となります。荷重の設計値の決定の目的は、それによって計算上得られる荷重の応答値を、十分妥当な大きさの値(超過確率が適切に選ばれた値)にすることです。

橋の設計で頻繁に出てくる死荷重と活荷重についてここで触れておきます。死荷重とは、橋自身の重さです。一般的には設計以前には、部材の寸法形状が決まっていないので、過去の資料や類似の橋を参考に概略値を推定して設計を始めます。設計が完了したときには、実際の死荷重を計算し、仮定した値と比較し、その差が大きい場合には死荷重を変更して再設計します。活荷重とは自動車荷重、鉄道の車両荷重、歩道の群集荷重などを指します。死荷重と違って移動する荷重ですから、設計する部材が安全に対してもっとも厳しくなる状況を想定して作用させます。

- 荷重には時間変動による永続・変動・偶発荷重と、作用による直接・間接・環境作用がある
- 移動する活荷重と移動しない死荷重がある

作用と荷重の区別

作用

荷重

死(固定)荷重
活荷重
衝撃
風荷重
雪荷重
制動荷重、始動荷重
遠心荷重
etc.

コンクリートのクリープ・収縮の影響
温度変化の影響
支点移動・不等沈下の影響
地震の影響
塩分飛来の影響
排気ガスの影響　etc.

材料の単位重量(死荷重計算用)

材料	単位重量(kN/m³)
鋼	77
鉄筋コンクリート	24.5
プレストレストコンクリート	24.5
コンクリート	23
セメントモルタル	21
アルミニウム	27.5
木材	8.0
石材	24.5
アスファルト舗装	22.5

(注)1N＝0.102kgf

作用の時間的変動性

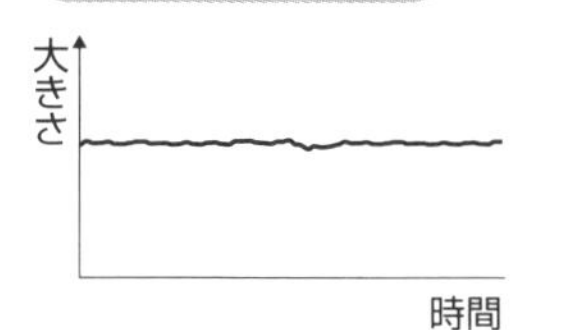

①**永続作用**
(死荷重、水圧等)

②**変動作用**
(活荷重、温度変化等)

③**偶発作用**
(衝撃、地震の影響)

荷重の大きさの決め方

安全性の要求性能に対する荷重：設計供用期間内で想定しうる十分大きい値
使用性の要求性能に対する荷重：設計供用期間内で比較的しばしば生じる値
耐久性の要求性能に対する荷重：設計供用期間内の荷重の変動を考慮した値

荷重の組合せの考え方

要求性能	荷重の組合せ
安全性	永続荷重＋主たる変動荷重＋従たる変動荷重 永続荷重＋偶発荷重＋従たる変動荷重
使用性	永続荷重＋変動荷重
耐久性	永続荷重＋変動荷重

選択された荷重は、設計供用期間内に遭遇する可能性のある、好ましくない状況を想定して、荷重の組合せを考えます。まず、各荷重の時間的変動性に基づく分類に従い、それぞれの橋の要求性能と設計状況に応じて、主荷重と従荷重を分け、その大きさの組合せを設定します。荷重の時間的変動性に基づく分類においては、永続荷重は他の荷重と常に組合わされ、変動荷重は主荷重もしくは従荷重として組み合わせます。一方、偶発荷重は、原則的に主荷重であり、他の主荷重に対する従荷重として組み合わされることはないとされています。従荷重とされた荷重においては、それが主たる荷重として想定されている場合に比べ、設計値を低減することができます。以上のように、荷重の組合せは、荷重の応答値に対する大きさと頻度を考慮して決定されることになります。

29 橋で使用する規格に従う材料

材料の性質は、力や強度で代表される機械的性質、重さや熱で代表される物理的性質、鋼や鉄筋の錆で代表される化学的性質など多岐にわたっていますが、必要な品質を確保できていることが設計の前提条件です。ここでは、鋼とコンクリートを使用材料の代表例として取り上げます。

鋼は、鉄にさまざまな化学元素を含ませて熱処理した材料です。鋼構造に使用される鋼材には、構造用鋼材・鋼管・接合用材料・鋳鍛造品などがありますが、その特徴は、引張強度が大きく、変形能力が高く、破断するまで大きな伸びを示し、破断するまでのエネルギー吸収量が大きいことです。

コンクリートは、砂と砂利（骨材）、水などをセメントで結合させた材料です。コンクリートの強度は、材料・配合・練り混ぜ・打ち込み・養生などで変化するだけでなく、固まってからの日数・温度・湿度などによっても変化します。一般に材齢28日における圧縮強度試験を行った場合、95％以上がこの値を上回る強度を設計基準強度としています。コンクリートの引張強度は、圧縮強度の1／12程度であり、曲げ引張強度は圧縮強度の1／7程度です。また、コンクリートは完全弾性体ではなく、コンクリートの応力とひずみの関係は**中図**のような曲線を示し、比例関係にありません。通常、設計では、圧縮強度の1／3の点における応力とそのときのひずみを用いて、コンクリートのヤング係数を計算しています。

鉄筋コンクリート構造用の棒鋼には、通常、鉄筋とコンクリートとの付着を良くするために、表面に突起を持つ異形鉄筋が使われています。表面に突起を持たない普通棒鋼もあります。なお、PC（プレストレストコンクリート）鋼材は、PC鋼線、PC鋼より線（PC鋼線をより合わせたもの）、PC鋼棒などの総称です。

要点BOX
- 鋼は引張強度が高く、変形能力も高い
- コンクリートは圧縮力には強いが引張強度と曲げ強度に劣るため鉄筋で補強する

材料に期待される一般事項

- 適切な強度と変形能力あるいはじん性を有すること
- 供用期間中に生じ得る材質や特性の変化、劣化に対して安全であること
- 地球環境に与える影響が小さいこと
- 人や動植物に対して与える影響が小さいこと

応力—ひずみ関係の代表例

(1)応力—ひずみ関係(降伏応力の明らかな鋼材)

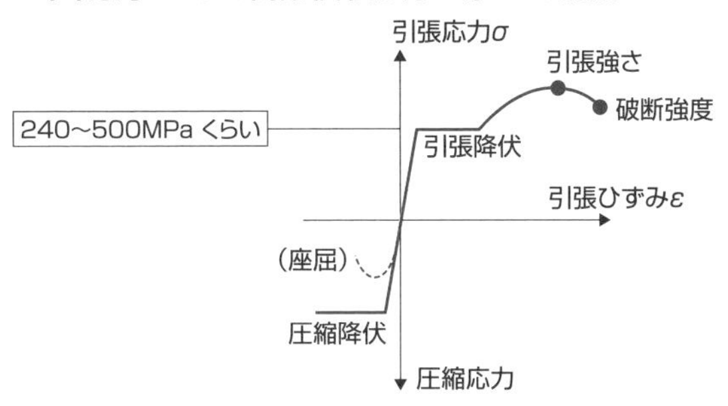

(2)応力—ひずみ関係(コンクリート)

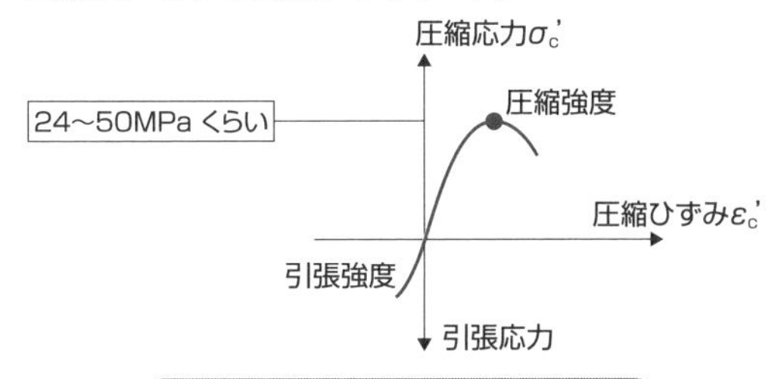

材料の弾性定数(8項参照)

材料	ヤング係数(GPa)	ポアソン比
鋼	200～210	0.3
コンクリート	25～35	0.15～0.2
アルミニウム	70	0.32
鉛	17	0.22
銅	125	0.34
石灰岩	30～40	0.25
花崗岩	6.0～60	0.11～0.23
砂岩	6.0～25	0.14～0.34
大理石	30～80	0.25～0.38
ガラス	70	0.20～0.23
エポキシ樹脂	2.5～3.2	0.35
スギ	5.5～14	
マツ	8.0～16	
ヒノキ	6.0～17	

(注)1MPa＝1N/mm^2、1GPa＝1000MPa

30 橋に期待される性能

要求性能から性能照査へ

橋を1つの製品とすれば、技術者はその品質・性能を保証し、そのことを明確に説明する責任を持っています。つまり、コストに見合う性能であることを説明し、公平性と透明性を通してそのことを社会に明示する必要があります。このことを橋の設計に当てはめると、橋に持たせるべき性能を明確にし、それを実現するために必要な検討事項を明示することです。これを性能照査型設計法と呼んでいます。この性能照査型設計法は、社会の成熟度と技術の進歩とが結びついて初めて可能になった設計法です。これまで100年以上利用されてきた許容応力度設計法を仕様規定型設計法と呼ぶのに対し、性能規定型設計法とも呼ばれます。言い換えれば、性能規定と仕様規定を明確に分けて設計できるようにすることは、技術の進歩の結果であるといえます。

このような性能規定の特徴は、要求される性能を満たしさえすれば、材料や寸法形状などの構造細目に拘束されることなく、自由に設計や架設の方法が選べることにあります。その結果、新しい技術の開発や新材料・新工法の採用が容易になりました。仕様規定では、仕様に適合しているかどうか確認することが品質管理ですが、性能規定では、要求性能が満たされているかどうかを判定しなければなりません。したがって、明確な判定基準や性能の照査方法を準備しておく必要があります。もちろん、橋の設計基準のすべてが性能規定になるとは考えられませんので、仕様規定も残っています。要求される性能が同じであっても、設計基準に見られる性能規定・仕様規定そのものは世界共通ではありません。日本の橋の供用環境を考えて、日本の橋梁設計の基準類では、①長寿命化のための耐久性設計、②重交通に対処するための耐疲労設計、③地震に対処するための耐震設計（地震後の修復性）などについて、世界の設計基準よりも厳しい対応をしています。

要点BOX
- ●性能照査型設計法は仕様ではなく、実際に必要な性能から要求項目を明示して検討する
- ●設計基準は万国共通ではない

仕様規定型設計と性能照査型設計の違い

	仕様規定型設計	性能照査型設計
要求性能	概念的	明確
照査方法	規定的	自己選択的
保有性能	概念的	明確
□：明確／規定的 ○：概念的／自己選択的	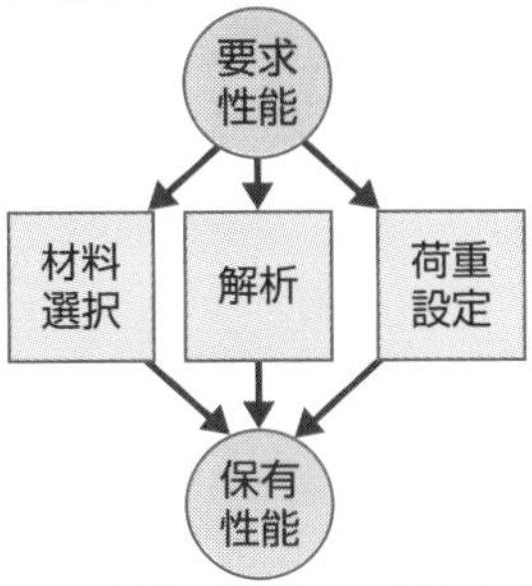 要求性能 → 材料選択・解析・荷重設定 → 保有性能	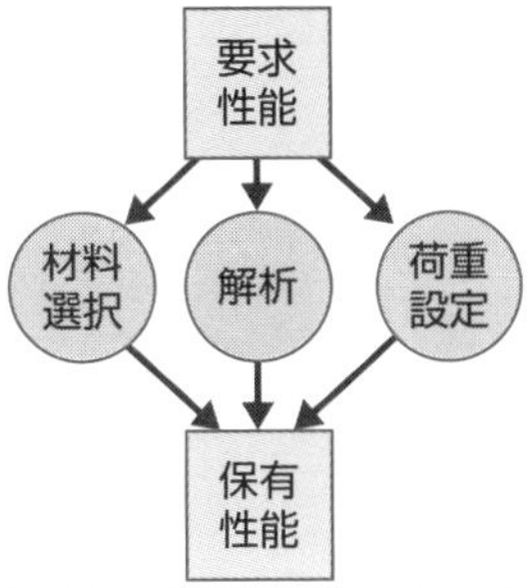 要求性能 → 材料選択・解析・荷重設定 → 保有性能

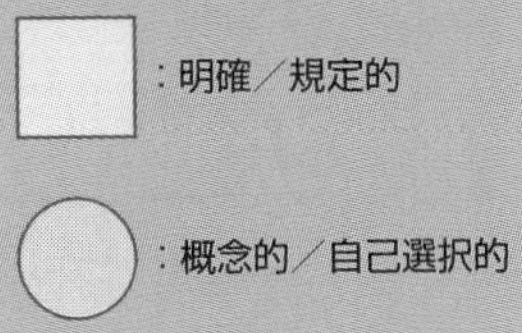

要求性能と限界状態の例

要求性能	性能項目	限界状態
安全性	構造安全性	安全限界状態
	公衆安全性	
使用性	走行性	使用限界状態
	歩行性	使用限界状態
修復性	地震後の修復性	修復限界状態または損傷限界状態
耐久性	耐疲労性	疲労限界状態
	耐腐食性	
	材料劣化抵抗性	
	維持管理性	
社会・環境適合性	社会的適合性	
	経済的適合性	
	環境適合性	
施工性	施工時安全性	
	初期健全性	
	容易性	

31 橋の性能を確保するための方法

限界状態の設定から性能照査へ

構造物の安全性を確保する方法としては、歴史的に、①確率分布する荷重値から大きな値を選択、②確率分布する強度値から小さな値を選択、③これらに対する設計値をもとに荷重効果値（作用応力度）Sと抵抗値（許容応力度）Rを評価、④抵抗値Rを荷重効果値Sより大きくすること（R>S）で基本的な安全性を評価、⑤さらに、安全率v≧1を考え、S≦R/vで安全性を確保する方法を採用してきました。この設計法を許容応力度設計法といいます。この中で、安全率の値は橋の重要度、目標耐用年数、限界状態の好ましくなさ、経済性などに応じてその値を変えています。許容応力度設計法は、世界各国で利用されてきており、100年を超える実績があります。現在でも、架設時の設計や維持管理時の性能照査では利用されていますが、許容応力度設計法では、限界状態設計法に比べて、すべての不確実性を1つの安全率で表現しているとの印象を与えていることも事実です。世界中の設計基準が許容応力度設計法から限界状態設計法に移行している理由の1つに、許容応力度設計法に比べて限界状態設計法の方がきめ細かく対応できる項目を提供していることが挙げられます。

限界状態設計法では、いろいろな限界状態を設定し、要求性能である安全性、使用性、耐久性などを照査します。安全率が1つである許容応力度設計法に比べて、荷重や材料に対してそれぞれの安全係数（これを部分係数といいます）を用いることによって、死荷重と活荷重のように異なった荷重の扱いや鉄筋とコンクリートのような異なった材料の扱いを個々に取り扱うことができ、各限界状態や部分係数などに関して、各分野における研究成果を適切に取り入れることができるという特徴があります。その反面、多くの限界状態の検討が必要となるため、設計計算が少し複雑になります（下図参照）。

要点BOX
- ●許容応力度設計法では1つの安全率を使う
- ●限界状態設計法では荷重や部材等それぞれに安全係数（部分係数）を用いる

許容応力度設計法による安全性（耐荷性能）の照査概要

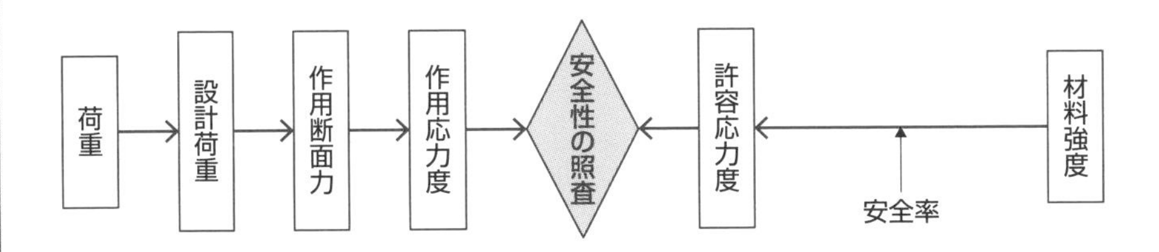

限界状態設計法による安全性（耐荷性能）の照査概要

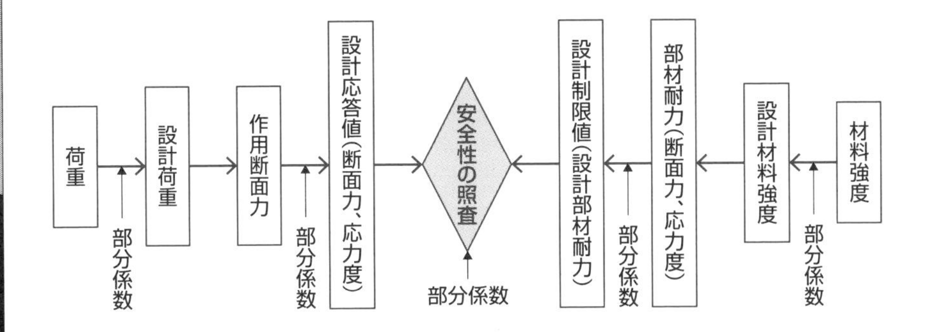

限界状態とは

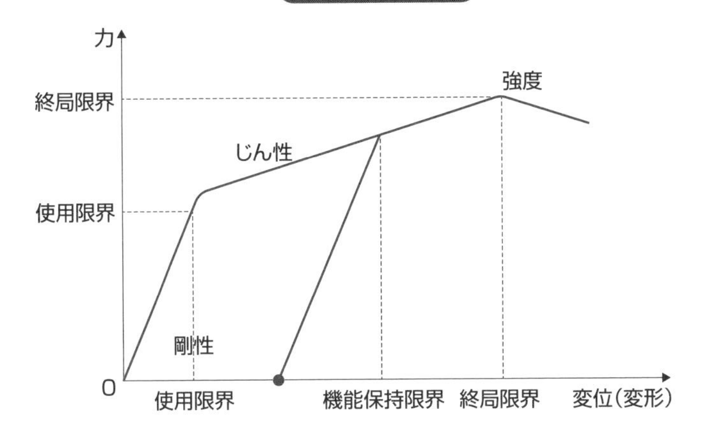

限界状態の概要は、模式的に表示すると、上図のようになります。
すなわち、使用限界状態には、剛性が関係し、終局限界状態には強度が関係し、それらの中間にある機能保持限界には、粘り強さであるじん性が関係します。

32 上部構造の設計

常に3次元的な広がりを考える

上部構造の設計では、過去の橋梁の設計例を参考に、基本的な部材の断面寸法を概略計算します。次に設計基準類をもとに、部材に生じる曲げモーメント、せん断力、軸力などの断面力を計算し、得られた断面力から部材の性能を照査します。

上部構造のモデル化では、橋の構造や橋に作用する荷重が計算できるようにモデル化し、荷重モデルや構造モデルについて構造計算を行い、性能照査します。したがって、構造モデルの設定は、非常に重要です。すべて3次元モデルで解析するのが正しいのですが、構造計算を1次元の棒状部材でできれば、構造解析を1次元構造物に対するように行うことができ、計算結果を各断面に反映して、断面力を求め、内力である応力を求めることができます。忘れてはならないことは、橋は本来3次元構造物ですので、2次元や1次元の構造物として解析する場合にも、常に3次元構造物であることを意識して構造計算を行うことです。

2次元構造物として意識しなければいけない部位は、橋床です。橋は、自動車や列車や人が移動するためには、移動を可能にするためのいわゆる床が必要になります。道路橋と鉄道橋では、橋床の形が違っているので注意が必要です。

道路橋では、自動車の車輪の位置が幅方向に変動するので、路面を2次元的な平面にする必要があります。通常、路面はアスファルトやコンクリートで舗装されています。一方、鉄道橋では、レールの上を列車が走るので、舗装の必要はなく、レールの下には枕木があり、その下に枕木を支える構造があります。橋全体で見ると、自動車の車線数や列車の複線を念頭におけば、床を支える構造は、2本以上の主桁（主構）だけでなく、主桁（主構）の間に格子状の2次元的な広がりを持つ構造が必要となります。この2次元的構造を床組といいます。

要点BOX

- 橋の構造計算は一般に、部材ごとに1次元モデルに置き換えて行う
- ただし常に3次元構造物であることは意識する

上部構造(主桁)の設計における一般的な考え方

- 橋の主桁の形はできれば大きく曲がった形やねじれた形にしないこと(直線形状が望ましい)。
- 関連して、主桁は、大きな曲げモーメントやねじりモーメントが作用しない構造とすること。
- できるだけ曲げモーメントに対する抵抗を大きくしておくこと。
- 曲げモーメントが大きい場合には、引張力や圧縮力が使える構造を考えること、すなわち、トラス構造(引張力、圧縮力)、アーチ構造(圧縮力)、吊構造(引張力)の利用を考えること(⑪項参照)。

上部構造の設計計算の流れ図

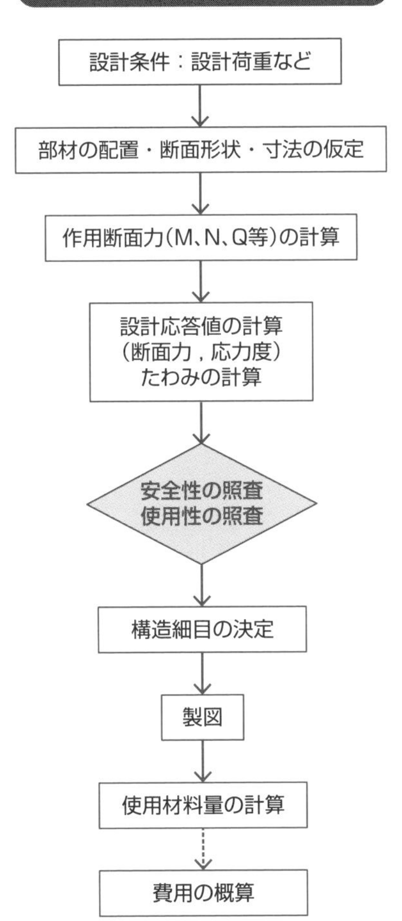

33 橋のモデル化と構造解析の3条件

構造解析のソフトウェアを上手に使う

最近では、極端な言い方をすれば、構造解析を行うために基礎となる微分方程式の物理的な意味や、その誘導過程、用いている有限要素法についての十分な知識がなくても、計算結果が得られる時代を迎えています。線形構造解析に限れば、たとえ、構造解析の知識が十分でなくとも、かなり正しい解が得られますし、広い汎用性があるという点では汎用ソフトウェアも便利です。さらに、力学現象の構造モデルの構築や、できあがった構造モデルの妥当性を検証することも可能となるなど、多くの利点があります。その一方で、得られた解の精度は、使用したメッシュや、解析手法、モデル化などにより決まり、解析内容を考える過程がチェックできないという点にも注意する必要があります。コンピュータによる解析結果であることだけが理由で、その解が信用されてしまうようなことも時として生じます。また、汎用ソフトウェアがその適用範囲を超えて使われていても、それらしき解が得られてしまうという点にも注意が必要です。

有限要素法による解析のモデル化は、通常、1次元では梁要素（トラス要素）、2次元では板要素とシェル要素、3次元ではソリッド要素を用いて行われます。解析モデルは、①荷重モデル、②作用断面力を与える構造モデル、③部材耐力を与える耐力モデル、より構成されます。これらのうち、構造解析の3条件式である①力のつり合い式（応力のつり合い式）、②応力ーひずみ関係式（構成方程式、カー変位関係式、カー変形関係式）、③ひずみー変位関係式（変位の適合条件式、変形の適合条件式）、を常に念頭に置く必要があります。

コンピュータを利用した構造計算では常にこの構造解析の3条件が利用されていますが、手計算レベルでもこの3条件は非常に大切ですので、次項でも利用例を示します。

要点BOX

- ●汎用ソフトによる構造解析は便利だが難点もある
- ●力のつり合い式だけで解けない構造の問題は構造解析の3条件で考える

構造解析の3条件式

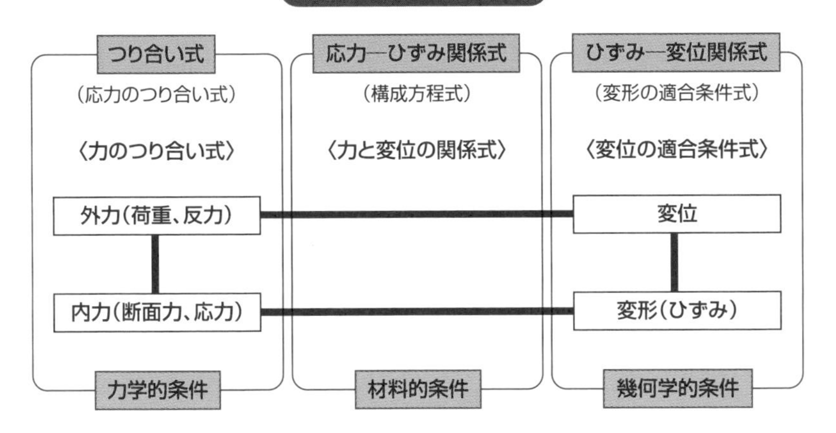

構造解析の3条件の利用例

ばね支持された剛体梁

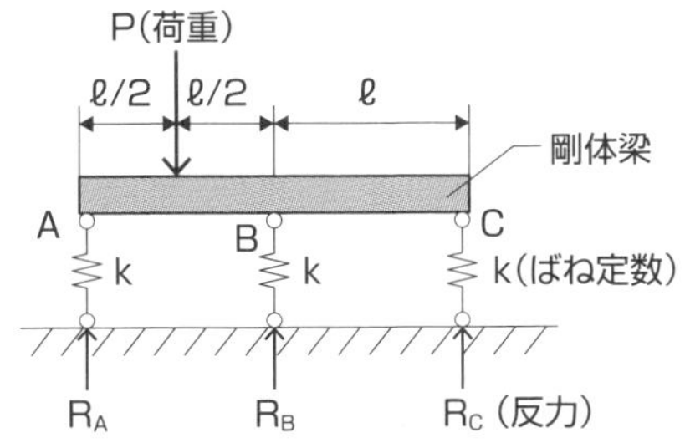

(注)梁の自重(死荷重)は無視します。

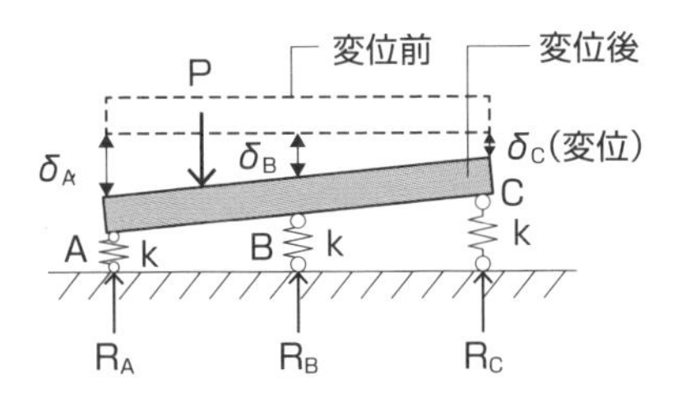

① **力のつり合い式**

鉛直方向の荷重Pだけであるので、つり合い式は

$P - R_A - R_B - R_C = 0$ ↓⊕

$R_A \times 2\ell - P \times \frac{3}{2}\ell + R_B \times \ell = 0$ ⊕(回転)

となる。未知反力が3個で、式が2個であるので解けない。そこで、構造解析の3条件を考える。

② **力と変位の関係式**

フックの法則より

$R_A = k\delta_A$, $R_B = k\delta_B$, $R_C = k\delta_C$

が得られる。

③ **変位の適合条件式**

剛体梁の仮定より、変位後も梁の直線性が保持されるので、

$\delta_A - \delta_B = \delta_B - \delta_C$

が成り立つ。

以上より、未知量6個(R_A , R_B , R_C、δ_A , δ_B , δ_C)に対して、式の数が6個であるので、反力R_A , R_B , R_Cが求められる。

すなわち、$R_A = \frac{7}{12}P$, $R_B = \frac{1}{3}P$, $R_C = \frac{1}{12}P$ が得られる。

34 曲げ部材の断面力と応力の関係

構造解析の3条件を用いて応力分布を求める

曲げモーメントを受ける部材の断面力や応力の計算は、構造計算の基本です。構造計算では、常に構造解析の3条件が大切です(33項参照)。

ここでは具体的に、鋼材のように、均質な材料の矩形断面を持つ単純桁が曲げモーメントを受けている中央断面を考えます。単純桁ですので、中央断面の断面力である曲げモーメントは、力のつり合い式から、$M=P\ell_1$となります。しかし、この曲げモーメントだけでは断面内の応力分布はわかりません。そこで応力分布を求めるために、曲げモーメントにつり合う応力分布を考えてみます。仮想切断の定理により中央断面の曲げモーメントMと応力σを図示することからはじめます。**上図**に示す桁の中央部では、等曲げモーメントを受けるので、断面の中心線の変形は**中図**のような円弧状になります。このとき、曲率半径をρとすれば、変形を代表する部材軸方向の垂直ひずみεが座標yの距離に比例することが仮定できます。

これを平面保持の仮定(構造解析の3条件のうちの変形の適合条件にあたります)といい、①式で表されます。これは曲げを考えるときの基本的な仮定となります。次に、構成方程式である応力−ひずみ関係式は②式のように表されます(構造解析の3条件のうちの構成方程式にあたります)。そして、力のつり合い式より、曲げモーメントMは、中心点(中立軸)回りに関して応力σによるモーメント計算することにより③式のように求められます(構造解析の3条件のうちの力のつり合い式にあたります)。その結果、①、②、③の構造解析の3条件式を用いれば、④式のように応力と曲げモーメント(断面力)の関係が求まります。この考え方は、詳細は省略しますが、後ほど出てくる鉄筋コンクリートの断面内の応力分布を求めるときにも応用できます。結論として、力のつり合い式だけで解けない(不静定)構造の問題では、常に構造解析の3条件を考えることが大切です。

要点BOX
- ●曲げモーメントを受ける部材の応力計算が基本
- ●中立軸回りの応力によるモーメントにより曲げモーメントがわかる

曲げ部材の断面力と応力の関係(鋼部材)

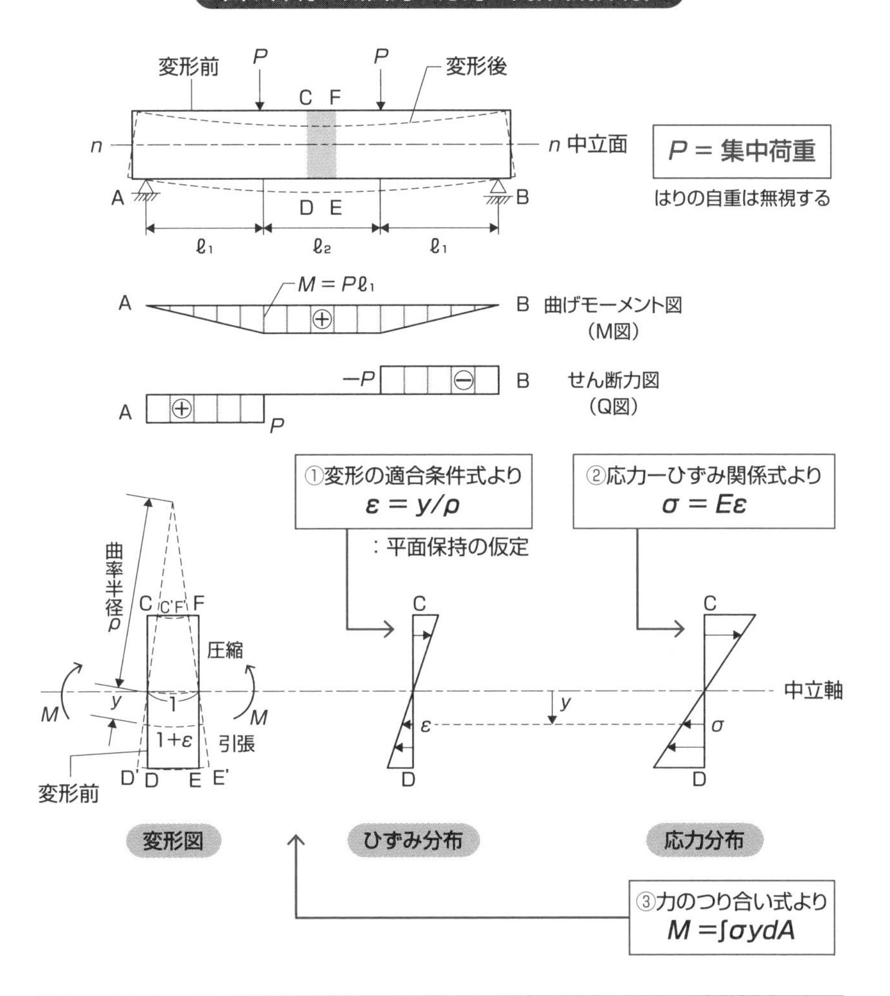

① 変形の適合条件式より $\varepsilon = y/\rho$　($1/\rho = -d^2v/dx^2$、v:部材のたわみ)

② 応力ーひずみ関係式より $\sigma = E\varepsilon$　($\sigma_s = E_s\varepsilon_s$、$\sigma_c = E_c\varepsilon_c$)

③ 力のつり合い式より $M = \int\sigma y dA$　($= EI/\rho = \sigma \cdot I/y$)

ここに、$I = \int y^2 dA$:断面2次モーメント、

dA:微小断面積(8項参照)。

①、②、③より 、鋼断面部材が一様に曲げられたときの、曲げモーメントMによる応力σは

④ $\sigma = M/I \cdot y$と求められる。

35 鋼部材の設計

継手の設計と補剛材の設計

通常、鋼橋の主部材（主桁）は、鋼板や形鋼などを用いて作られますので、部材の接合が必要になります。部材を接合する方法には、熱によって鋼材を局部的に溶融状態にして結合する溶接継手と、高力ボルトのボルト頭部とナットとの間を強い力で締め付けて接合片を圧着して接合する高力ボルト摩擦接合継手、さらに現在ではあまり利用されていませんが、接合する部材に円形の孔をあけてリベットによって接合するリベット継手があります。具体的には、応力を伝える溶接継手には、完全溶込み開先溶接による溶接継手か、部分溶込み開先溶接による溶接継手、または連続すみ肉溶接による溶接継手を用いることになっています。鋼板を用いた溶接継手としては、突合せ継手・十字継手・T継手・角継手・重ね継手のいずれか、または組み合わせが原則となっています。

高力ボルトの摩擦接合継手は、継手部分を高力ボルトによって強く締め付けることによって、接触面の摩擦抵抗力を発生させています。したがって、継手部の強さは締め付け力と接触面のすべり係数（0・4以上）の値で決められます。ボルトの締め付けは、中央のボルトから順次端部のボルトに向かって行います。

鋼部材では、断面を構成する鋼板が薄いので、圧縮力を受けたときに座屈と呼ばれる不安定現象が発生する可能性があります。詳細は省きますが、弾性座屈、塑性座屈、局部座屈など、多くの座屈現象があります。この座屈と呼ばれる現象は、非線形の挙動を示すので、特別な配慮が必要となります。座屈を防ぐために、補剛材という部材が取り付けられる点が鋼部材の特徴です（17項参照）。

鋼I桁や鋼箱桁の設計上の注意点としては、①運搬時の剛性確保、②腐食代、③耐荷力に注目したときの安全性、④有害な変形の防止、などがあります。

要点BOX

- 鋼部材の接合には溶接継手、高力ボルト摩擦接合継手、リベット継手がある
- 鋼部材の座屈現象には配慮が必要

鋼桁の設計手順

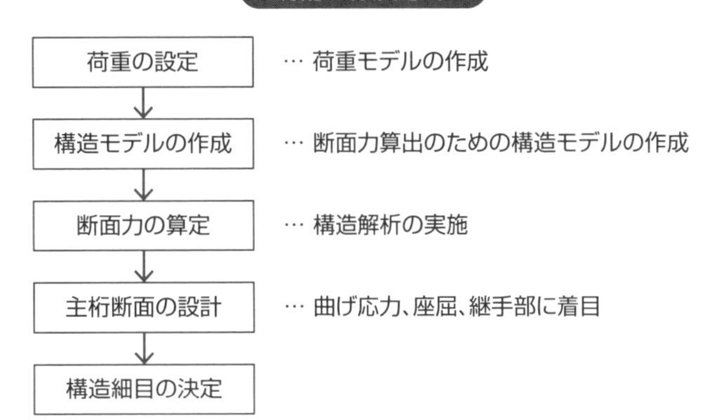

鋼床版の下面

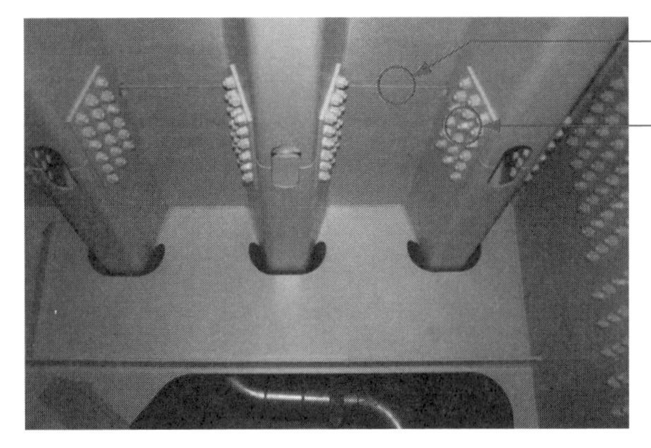

写真で示す鋼床版箱桁の鋼床版に2種類の代表的な継手が見られます。
このように溶接継手と高力ボルト摩擦接合継手が鋼板の代表的な継手です。

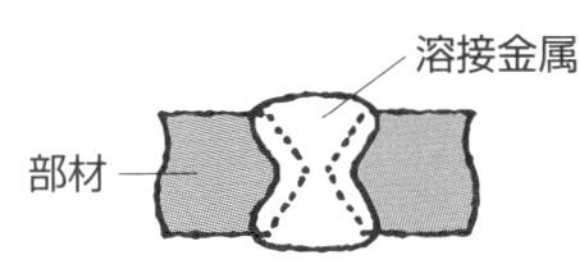

完全溶込み開先溶接

(1)突合せ溶接継手

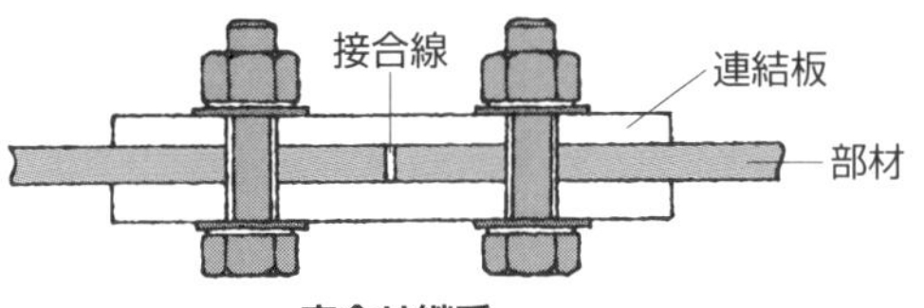

突合せ継手

(2)高力ボルト摩擦接合継手
(接合線片側の一群のボルトは2本以上)

鋼部材の特徴

❶ 強度が大きいので、部材の断面を小さくできる。
❷ 材料が均一で、強度のばらつきが小さい。
❸ 工場で製作される部材の製作精度は高い。
❹ 部材の補強・改良が容易。

36 鉄筋コンクリート部材の設計

鋼材の扱いと構造細目

鉄筋コンクリート部材は、完全な弾性体ではないので、構造解析の3条件を基本に、適切な仮定を設けて部材の設計を行います。断面決定と応力の計算には、柱の場合を除いて鉄筋コンクリートを弾性体として取り扱い、フックの法則が成り立つものとして、横断面は平面を保持すると考えます。一般に、コンクリートの引張応力は無視します。鉄筋およびコンクリートのヤング係数が違いますので、応力計算では部材断面をコンクリート断面に換算して、簡易化を図っています。

つり合い式だけでは求められない未知の反力や未知の断面力は、コンクリートの全断面を有効とした弾性体として、鉄筋を無視して計算された部材の曲げ剛性、せん断剛性およびねじり剛性を用いて算出します。その後、断面内の応力を考えるときには、コンクリートの圧縮と引張の特性を考慮して応力を求めます。

応力—ひずみ曲線は、フックの法則が利用できるように、ヤング係数として、圧縮強度の1／3点と原点をむすぶ直線の傾きである割線ヤング係数を用いることで、一定限度まで比例関係を仮定しています。

その他、コンクリート部材固有の現象として、クリープと乾燥収縮を考えます。クリープとは、コンクリート部材に荷重が作用すると、その大きさに応じて瞬間的に変形し、弾性ひずみを生じ、荷重を一定にしておくと、コンクリートのひずみが時間とともに増大する現象です。また、乾燥収縮とは、コンクリートの硬化に伴ってコンクリートが収縮する現象です。

設計にあたって考慮すべき構造細目として、鉄筋のかぶり（19項参照）、鉄筋のあき（上図参照）、鉄筋の定着と曲げ方、鉄筋の継手に注意する必要があります。鉄筋の腐食はかぶりが大きく、鉄筋間隔が密でも腐食は少ないです。コンクリート橋では構造細目の影響が大きいので設計図でのチェックも不可欠です。

要点BOX
- ●鉄筋コンクリートは圧縮と引張を分けて扱う
- ●特有現象としてクリープと乾燥収縮がある
- ●コンクリートの品質が良いほど鉄筋の腐食は少ない

鉄筋コンクリート部材

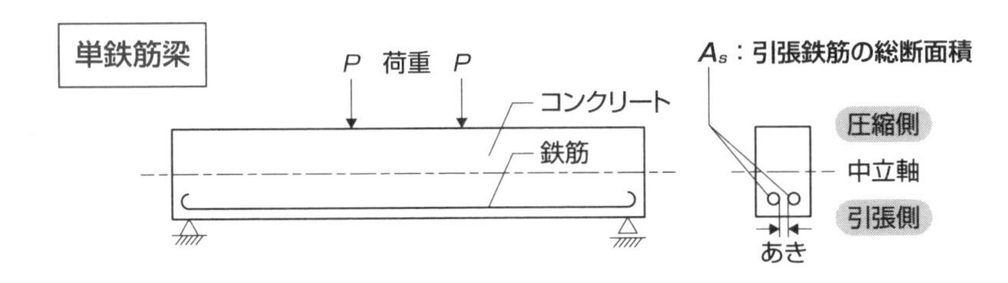

(1)ひび割れ発生後のひずみと応力の状態

ひずみ分布　応力分布

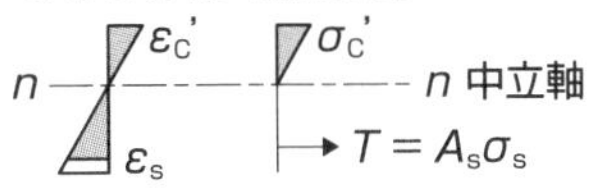

ε_s ：鉄筋のひずみ
ε_c' ：コンクリートのひずみ
σ_s ：鉄筋の引張応力
σ_c' ：コンクリートの圧縮応力

基本仮定(ひび割れ発生後)

- 平面保持の仮定のもとに、ひずみは中立軸からの距離に比例する。
- 応力はひずみにヤング係数をかけて計算する。
- 引張側のコンクリートは引張に抵抗しないとして、引張側のコンクリートの応力は考えない。
- 圧縮側の応力の合力は、鉄筋の引張力Tとつり合う。(引張力$T = A_s\sigma_s$)
- 中立軸の位置は、ひび割れ発生前と変わっている。(上方に移動)

(2)終局限界状態のときのひずみと応力の状態

ひずみ分布　　応力分布

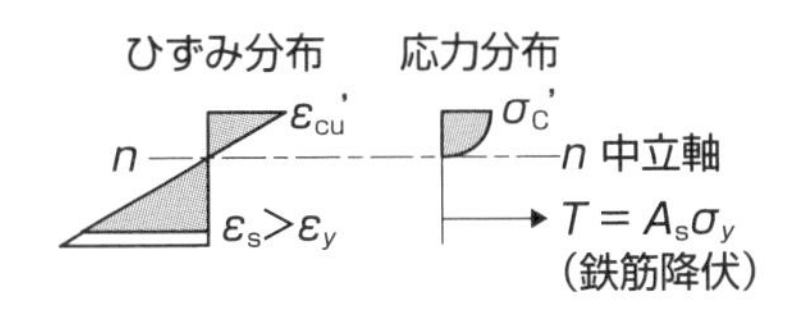

ε_y ：鉄筋の降伏ひずみ
ε_{cu}' ：コンクリートの終局ひずみ
σ_y ：鉄筋の降伏応力
σ_c' ：コンクリートの圧縮応力

基本仮定(終局限界時)

- 平面保持の仮定のもとに、ひずみは中立軸からの距離に比例する。
- 圧縮縁のコンクリートのひずみが$\varepsilon_{cu}' = 0.0035$に達し、コンクリートの圧縮応力の分布が非線形分布となる。引張側のコンクリートの応力は考えない。
- 鉄筋は完全弾塑性体として、降伏している。鉄筋の引張力は一定となり、$T = A_s\sigma_y$で表される。
- 中立軸の位置は、(1)のひび割れ発生後の位置と変わっている。(上方に移動)

以上より、鉄筋コンクリート単鉄筋梁の曲げモーメントに対する安全性の照査は、設計断面力が上記(2)で示される終局限界状態より求まる設計部材耐力以下であることの確認になります(部分係数は別途考慮)。

37 下部構造の設計

安定計算が重要

下部構造は、基礎、橋台(橋の両端の台)、橋脚(橋の中間の台)の総称です。基礎は、直接基礎、杭基礎、ケーソン基礎に大別され(上図)、設計の考え方の基本には、安定計算があります。その検討には次の4つのことが必要です。①基礎が沈下しないこと、②下部構造全体が転倒しないこと、③基礎が横に滑り出さないこと、④下部構造の水平方向や鉛直方向の動きが限界値以下であること、です。

橋台の機能は、橋(上部構造)の両端にあって上部構造を支え、上部構造の自重、車両などの活荷重、さらに上部構造が受ける地震や風からの力を円滑に地盤に伝えることです。一般的には、橋台はコンクリート構造であり、上部構造を据え付ける橋座、パラペット、躯体、フーチングの各部から構成されています。設計では、転倒、滑動、沈下、有害な変位に注意することになります。また、橋台は橋の端部にありますので、橋台背面の土砂が流出しないように土を留めるための壁の機能も有しています。このため背面からの土圧にも耐えられる構造でなければなりません。

橋脚の機能は橋(上部構造)の中間にあって上部構造を支えることであり、上部構造からの力を地盤に伝えることは橋台と同様です。橋台との違いは背面の土圧がないことです。一般に、橋座、躯体、フーチングの各部から構成されています。

橋が比較的短い場合には両側の橋台のみでよく、橋脚は必要ありませんが、橋が長くなると上部構造との関係で橋脚が配置されます。橋が谷を渡る場合は、橋脚の高さが必然的に高くなり、耐震安定性の検討が必要になります。一方、平地や幅広の河川、都市内などではあまり高くない橋脚が多数連続して立ち並ぶこともあります。

橋脚が河川や海の中に設置される場合には、流水や波浪、洗掘などに対して安全なように設計する必要があります。

要点BOX

- ●橋台は橋の両端にあって上部構造を支える
- ●橋台はパラペット、躯体、フーチングから構成
- ●橋脚は橋の中間にあって上部構造を支える

橋台の基礎

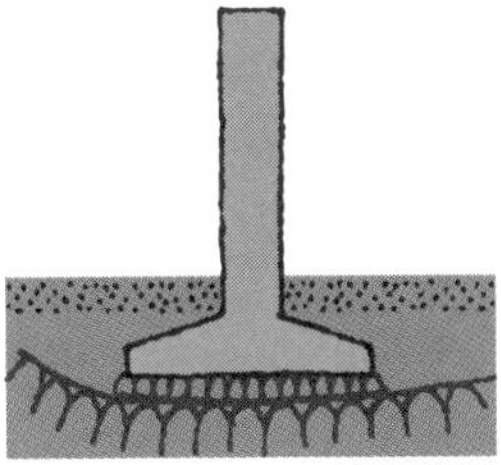

基礎地盤
直接基礎

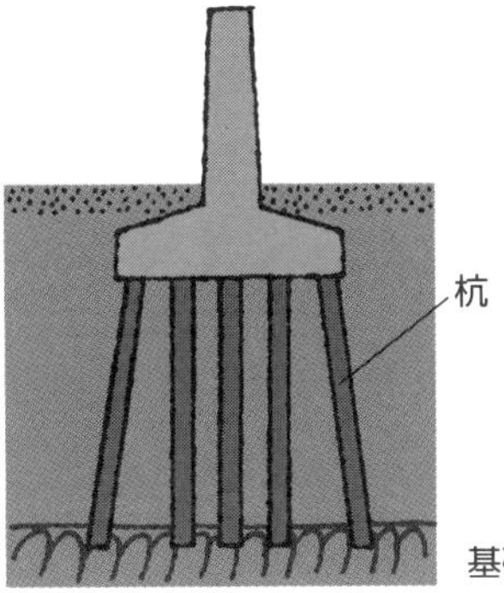

杭
基礎地盤
杭基礎

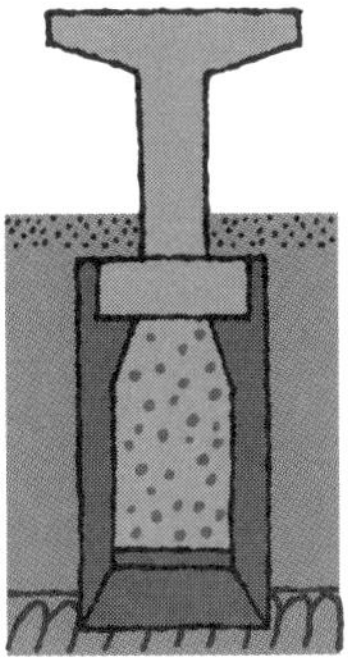

ケーソン基礎

橋台の種類

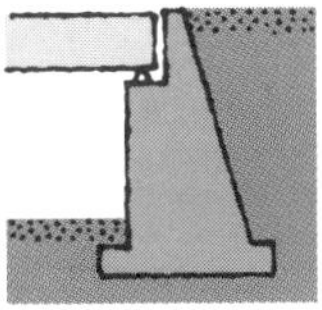

重力式橋台

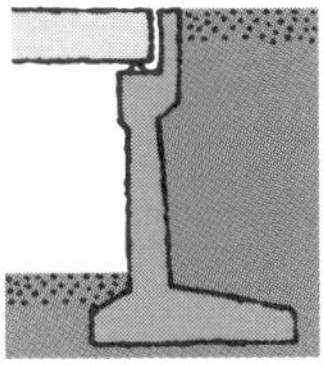

逆T式橋台

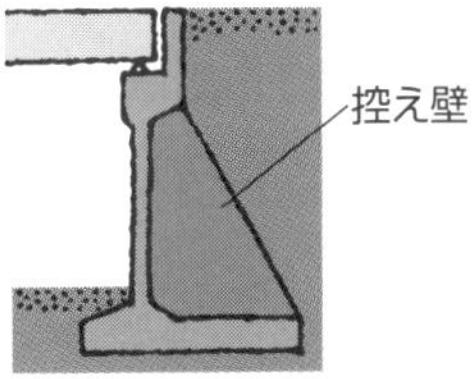

控え壁
控え壁式橋台

ラーメン式橋台

橋台各部の名称

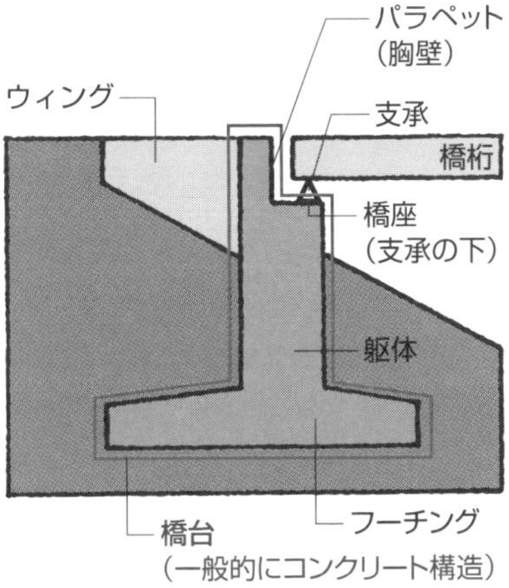

パラペット
（胸壁）
ウィング
支承
橋桁
橋座
（支承の下）
躯体
橋台
（一般的にコンクリート構造）
フーチング

橋脚の種類

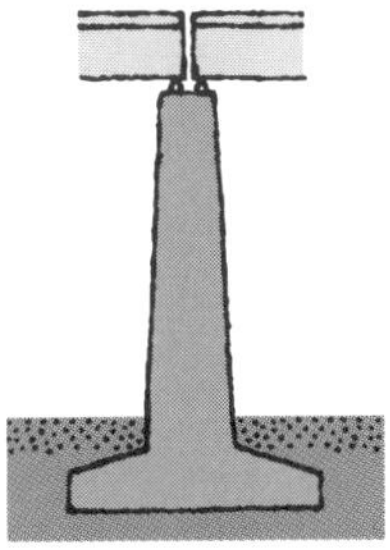

逆T式橋脚

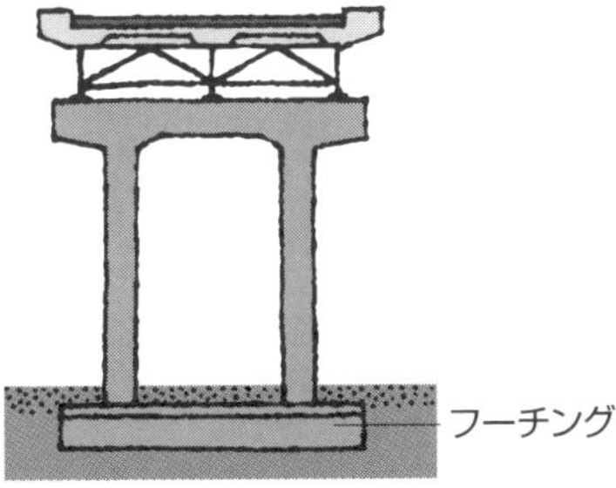

フーチング
ラーメン式橋脚

下部構造の設計手順

形式、使用材料、
形状寸法の設定

↓

安定計算および照査
（支持力、沈下、斜面の安定
などの計算、滑動および転倒
に対する安定計算）

↓

断面力、応力度の
計算および照査
（断面の決定）

38 耐震設計の考え方

制震設計や免震設計もある

　耐震設計とは、設計供用期間に発生が想定される地震動に対して、橋の耐震性能を確保するように設計することです。さらに想定を超える地震動が作用したとしても、致命的な被害が生じないように、減災の観点から設計することが求められています。耐震設計に用いる設計地震動は、2つのレベルに分けられており、橋の設計供用期間内に発生する確率が高い中程度の強さの地震動をレベル1地震動、当該地点で考えられる最大級の強さを持つ地震動をレベル2地震動と呼んでいます。

　耐震設計上の注意事項としては、地震荷重に対して過大な変形・ねじり・応力集中などが生じない構造とすることや、橋全体の崩壊を防止するための構造上塑性ヒンジ(全塑性モーメントの抵抗力を保持しつつ、自由に回転できるヒンジ)にできる部分には、急激な破壊が生じないように十分なじん性を持たせることなどが考えられます。地震時のねじれ挙動は把握しにくいので、なるべく地震時にねじれが生じないように設計時に配慮する必要があります。なお慣性力による応答値の算出は、動的解析をするのが標準になってきました(中図参照)。

　耐震設計以外にも、制震設計や免震設計という考え方があります。制震設計は、ダンパーなどのエネルギー吸収・逸散装置を橋に付けることによって、橋の地震応答を低減させ、要求性能を満たす設計であり、免震設計は、免震支承により、橋の長周期化と減衰の付与を図り、橋の地震応答を低減させ、要求性能を満たす設計です。免震橋が適している橋は、①地盤が堅固で基礎周辺の地盤が地震時に安定している場合、②下部構造の剛性が高くて橋の固有周期が短い場合、③多径間連続橋の場合、などです。基礎周辺の地盤で注意すべき地盤の液状化は、緩い地盤、高い地下水、地震などの強い振動の3条件がそろったときに起こります。

要点BOX

- ●耐震設計上、地震荷重に対して過大な変形、ねじり、応力集中が生じない構造とする
- ●耐震設計以外に制震設計や免震設計がある

鋼製橋脚の1次元的アプローチ例

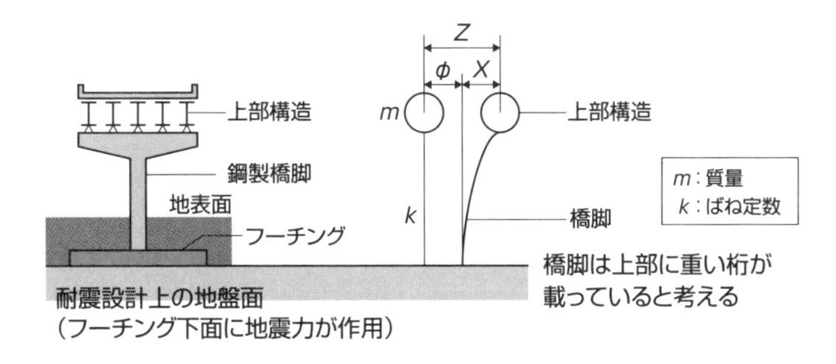

ばね—質量系モデルによる動的解析例

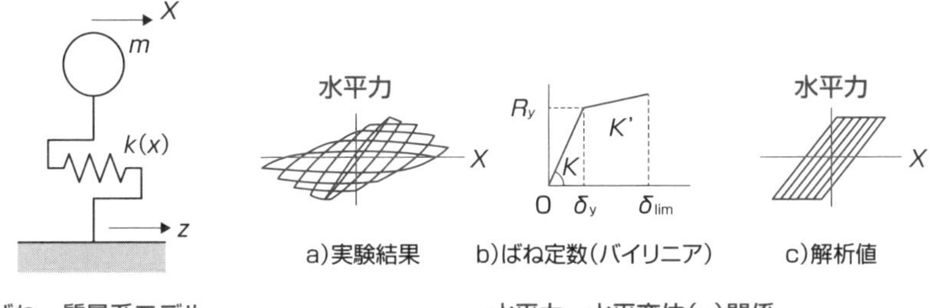

耐震設計・免震設計・制震設計の例（支承に注目）

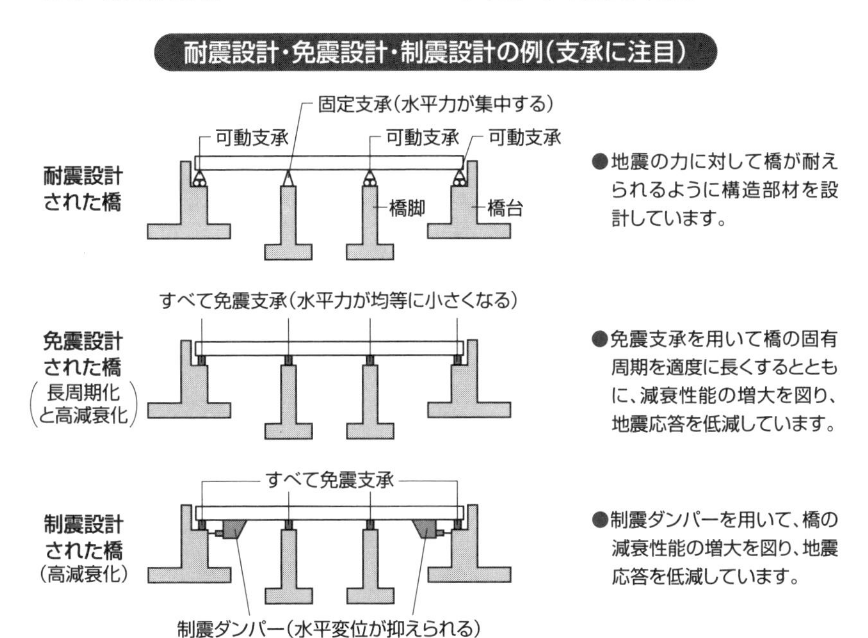

●地震の力に対して橋が耐えられるように構造部材を設計しています。

●免震支承を用いて橋の固有周期を適度に長くするとともに、減衰性能の増大を図り、地震応答を低減しています。

●制震ダンパーを用いて、橋の減衰性能の増大を図り、地震応答を低減しています。

39 耐風設計の考え方

静的作用と動的作用がある

自然風も橋に対する作用(風荷重)の1つです。特別に耐風設計として取り上げられている理由は、地震と同じく作用として複雑なことがあります。橋の耐風設計では、対象となる橋が自然風にさらされたときにどのような挙動を示すのかを検討し、それが設計で想定している限界値以内かどうかを判断します。限界値を超えると想定された場合に、構造の形状を変更、あるいは何らかの安定化対策をすることにより、限界値以内に抑えるようにすることが耐風設計です。したがって、橋の耐風設計を実施するためには、橋に作用する空気力あるいは風による振動を精度良く推定する必要があります。

橋が風を受けると、橋は風向と同じ方向に力(抗力)を受けます。これに対して、上下方向に働く力は揚力といいます、さらに橋をねじるようなモーメントである空力モーメントも発生します。橋の変形が見られる断面では、水平方向変位、垂直方向変位、回転変位が見られることになります。橋が小規模で全体剛性が高い場合には静的な耐風設計を考え、橋が受ける力を風荷重として橋の側面の投影面積に作用させて構造計算を行い、風荷重を考慮します。

一方、大規模な橋である吊橋や斜張橋のように全体的剛性が比較的小さい構造では、風による振動が生じるため、風の動的影響を考えることになります。具体的には、風の流れの中に構造物が置かれると、その背後にカルマン渦の列が形成され、渦の発生振動数と構造物の固有振動数とが一致する風速で、風の流れとは直角方向に振動する渦励振(うずれいしん)が発生することがあります。発生風速域が限られ、振動振幅も比較的小さいことが多く、限定振動と呼ばれます.風速が高くなり、設計風速域に近づくと、ギャロッピングやフラッターと呼ばれる不安定な発散振動が発生しやすくなります。

要点BOX
- 風(荷重)による橋の変形には水平方向変位、垂直方向変位、回転変位がある
- 風の流れと直角方向に振動する渦励振

耐風設計

風による橋の応答は、動的な現象ですが、設計では、静的作用と動的作用に分けて考えます。橋が小規模で、橋の全体剛性が高い場合には、静的な耐風設計を考え、大規模な橋で全体的剛性が比較的小さい構造では、風によって振動が生じるので、風の動的影響を考えます。

風の静的作用による応答

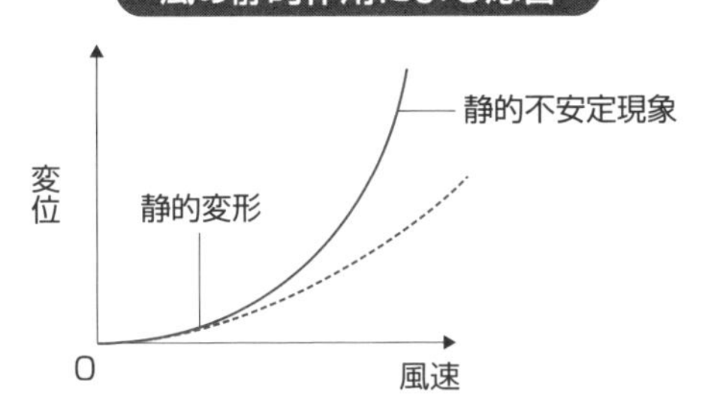

風の動的作用による応答

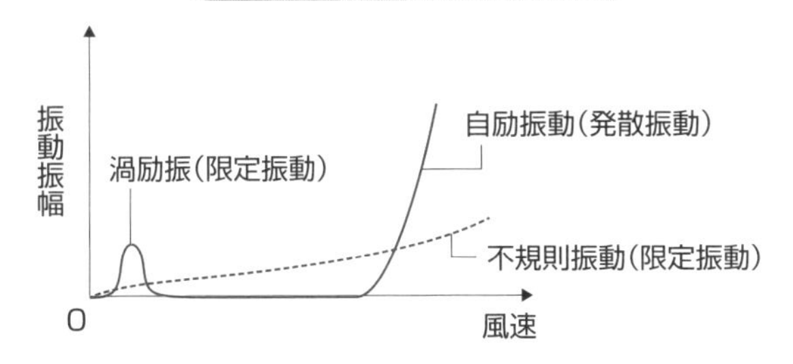

風の静的作用と動的作用の分類

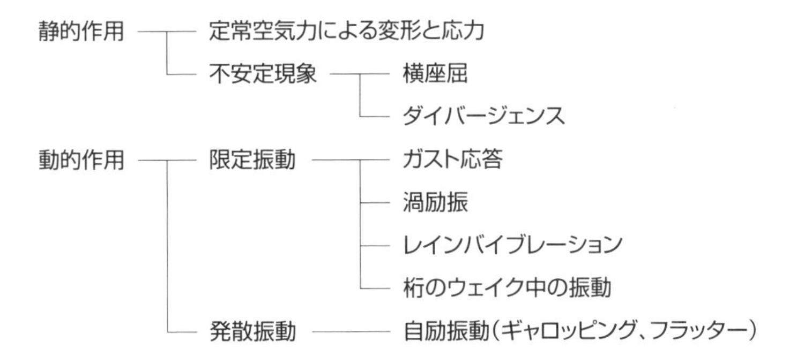

出典：「本州四国連絡橋耐風設計における空力弾性現象の分類」より

40 疲労設計の考え方

応力が集中する部位での変動応力

疲労破壊とは、時間的に変動する荷重によって発生した亀裂が、繰り返しを重ねるごとに徐々に進行して破壊する現象です。延性で塑性変形を示す金属材料では、疲労破壊は重要な検討事項となります。

疲労設計の基本は、①疲労強度の低い継手や好ましくない構造詳細は避ける、②強度の明らかな継手を採用して応力を照査する、③非破壊検査が困難な継手は採用しないようにする、こととされています。

疲労の照査では、対象とする部材に疲労亀裂が発生したとき、冗長性(構造物全体の強度または機能に及ぼす影響)、重要性(構造物が疲労破壊したときの社会的影響)、および検査性(構造物の供用中の定期点検によって疲労破壊に至る前に亀裂を発見する可能性)などを考慮して性能照査を行います。疲労の照査に用いられるモデルは橋で使用される材料の種類に強く依存しますので、疲労モデルを一般的なルールを用いて構築するのが難しい面もあります。耐力と荷重繰り返し数の実験的に知られた関係に立脚した破壊力学に基づくことが多いです。

疲労照査に用いる応力は、照査する断面に作用する公称応力の範囲で、公称応力は荷重の作用方向に直角な断面に生じる応力とします。したがって、疲労の影響では、実際に発生している応力度を知ることが大切です。実際の荷重に関係させてより正確に応力を評価する必要があります。疲労照査は、同一の部材に対して、応力範囲が最大となる位置で行います。応力範囲の頻度分布は、通常、疲労設計荷重に対して、設計期間中に予想される着目位置に生じる変動応力の波形に対してレインフロー法(不規則な繰り返し変動荷重による疲労寿命を予測するための応力頻度の計数法の1つ)を適用して求めます。

開口部の縁など、応力集中が生じる位置の疲労照査には、公称応力の範囲に応力集中が生じる位置の弾性応力集中係数を乗じて得られる応力を用います。

要点BOX

●変動荷重による亀裂が進行して疲労破壊する
●疲労照査では発生する正確な応力度が重要
●疲労照査は応力範囲が最大になる位置で行う

S-N曲線(S-N線図)

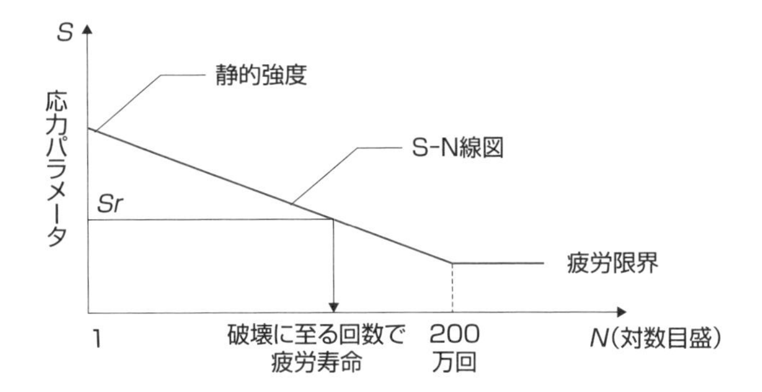

(直)応力範囲に対する疲労強度

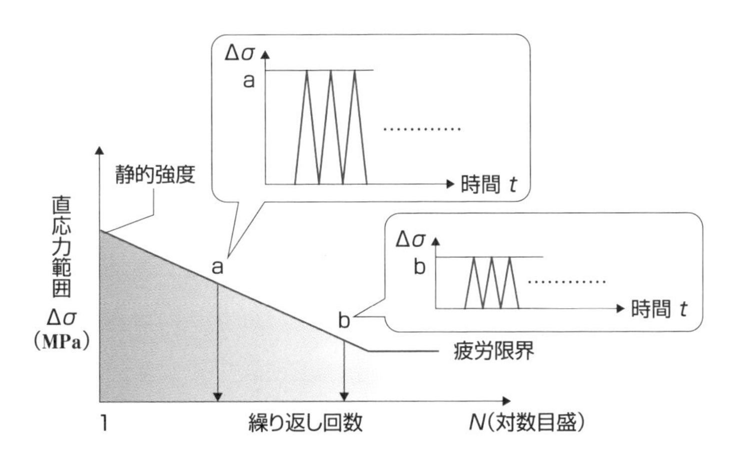

疲労限界状態は、限界状態の1つで、静的な荷重では破壊しないような荷重が繰り返し作用することによって破壊する状態を指します、この疲労寿命を求めるための曲線をS-N曲線(S-N線図)といい、応力のパラメータ*S*である応力範囲(応力振幅)*Sr*と破壊に至る回数*N*との関係を表したものです。応力範囲が小さくなるほど、破壊に至る回数が多くなり、ある応力範囲以下になると疲労破壊しなくなります。この限界を疲労限界といいます。疲労限界に到達するときの繰り返し回数は、一般的には200万回とされていますが、100万回や1000万回もあります。

変動する荷重が不規則であるときには、その成分をいくつかに分割して、その応力範囲ごとの損傷に対する比率をS-N曲線から求め、これらを単純累加して損傷率を計算します(マイナー則)。そして、損傷率が1になったときを疲労破壊と判断しています。

41 景観設計の考え方

橋・周辺環境・視点の3つの相互関係

景観設計の基本的な考え方としては、橋の設計にあたっては、まず橋そのものの美しさに配慮することが重要です。橋は一般に、単独で独立した存在として認識されやすいことなどから、それ自体の美しさが強く求められます。また、周辺景観のなかでの収まりを十分に検討する必要があり、原則として周辺景観に溶け込むデザインとすることが望ましいといわれています。周辺景観に溶け込むデザインとするためには、橋の橋梁形式を決める際の路線計画時および予備設計段階から景観デザインを十分に検討する必要があります。橋梁形式の選択にあたっては、周辺の景観に調和した形式の採用が望ましく、橋の上部構造と下部構造の調和がとれる形態の検討が望まれます。特に、橋梁形式の美しさを強調する構造部分自体を美しいものとする景観的な検討が必要不可欠とされています。地域のランドマークとしての橋を考える場合には、地域住民や利用者などからの声に耳を傾けるとともに、専門家による十分な検討を含めて、慎重な対策をとることが望ましいとされています。

橋の美しさについては、個人差がでる余地があるものの、橋、周辺環境、視点の3つが相互に関係しています。さらに各論として橋の形態、色彩、テクスチュアを取り上げ、それぞれをデザイン上の着目点として、議論を深めることが一般的です。全体としては、従来の橋梁美学から抜け出て、周囲との関係を含めてそれらを一体として扱う空間デザインや環境デザイン的な視点が強く打ち出されているのが最近の特徴です。

コンピュータを利用して図形や画像を作ることをコンピュータグラフィックスといい、橋とその背景を含む景観を検討することができます。3次元的に視点場を変えたり、橋の構造形式や部材を変更したり、完成後の橋の周辺景観を含む全体像が事前に検討できます。

要点BOX

- ●周辺景観に溶け込む美しいデザインが必要
- ●橋梁形式の美意識に加えて地域的な視点も重要
- ●CGを使った空間デザインで検討する

橋のデザインの位置づけ

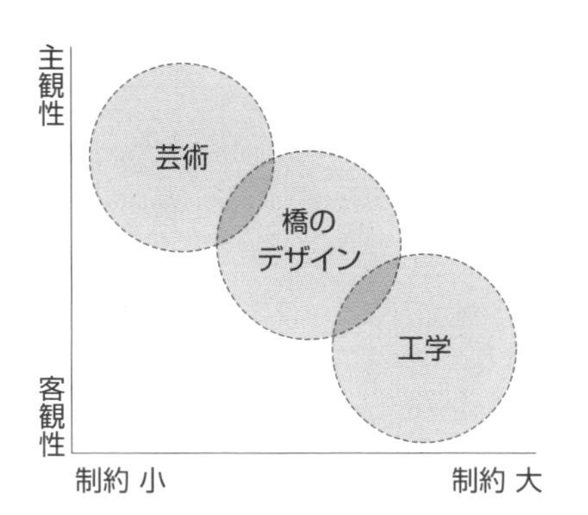

橋のデザイン・アプローチ

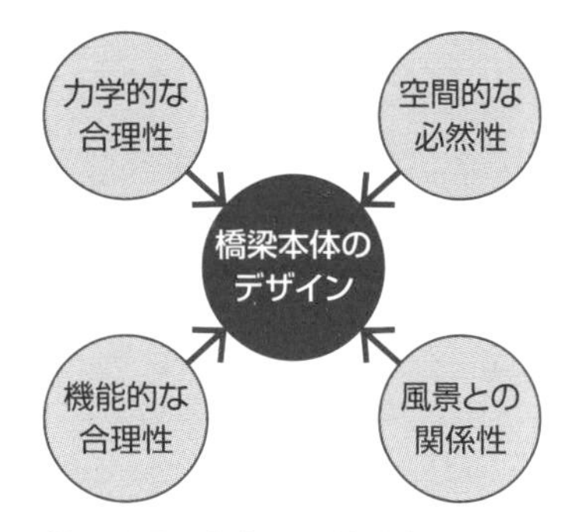

橋は、風景に多大なる影響を与えているので、よい風景となる橋を造っていかなければなりません。景観という視点を常に意識しておく必要があります。

評価を受けた橋の1つ

紀勢宮川橋（2006年供用開始）
土木学会 田中賞2005年
土木学会 デザイン賞優秀賞2009年

Column

橋梁工学で重要な構造力学の知識とは

すでに説明したように、橋梁工学は、狭義には構造力学の知識を中心的に利用して、橋梁を設計するための工学です。

ニュートン力学やフックの法則は、よく知られていて、わかりやすいと思います。橋梁工学で力学を利用するときにまず考えることは、橋の構造が複雑ですので、できれば比例式(線形関係式)を使いたいということです。材料についてはフックの法則がそれです。変形が小さい場合には、力と変位は比例関係にあるとするのが一般的な考え方です。バネに関するフックの法則では、1自由度で力Pと変位uの関係がバネ定数kを用いて$P=ku$と表されます。複雑な構造をした弾性体である橋もコンピュータを利用した線形解析では力と変位の関係は$(P)=[K](u)$と書けます。違いは、一般の橋の構造解析では自由度が1自由度でなくn自由度(n個の力とn個の変位)になり、その数nは10万を超えることがあります。このとき(P)や(u)はn自由度のベクトルになり、$[K]$は$n \times n$の行列(マトリックス)になります。ゴムひもと鉄棒を同じ力で引っ張ったときの違いはすぐにわかりますが、n自由度の場合では、多くの数値のチェックはそう簡単にはできません。

しかしながら、行列$[K]$の数値の並び方には特徴があるので、人間でも横顔や身長・体重などでその人の特徴を正確に知ることができるように、行列$[K]$の特徴を調べることによって、数値計算の妥当性を確認することができます。このような特徴を調べることにより、技術者はコンピュータを用いた構造解析の信頼性を確認しています。コンピュータでも入力ミス等が考えられますので、このような妥当性のチェックは、紙と鉛筆による手計算とともに非常に重要です。

紙と鉛筆による手計算を前提としたとき、構造力学の知識として確認すべきは、構造物について仮想切断の定理を自由に使いこなせることと、仮想的に取り出した構造物、部材、要素についてつり合い式を作れることです。

構造解析の妥当性の判断

1)モデル化を行う際には、常に実際に生じている物理現象に立ち返らなければならない。
2)実験は適切に行われれば、実験供試体については真実を語るのに対し、理論やモデルではある種仮定に基づいているので、真実とは限らない。
3)構造解析(静力学問題の場合)で得られた結果が完全に正しいのは、力の一致、変形の一致、ひずみの一致が得られた場合のみである。
4)あらゆるモデルには、適用範囲があり、モデルの成り立ちをよく理解しておく必要がある。

出典:日本学術会議 第19期メカニクス・構造研究連絡委員会構造工学専門委員会 2005年

橋はどのように造る？

42 橋を造るときの考え方

ライフサイクルコストと長寿命化

社会システムのみならず橋の分野にとっても「経済性」と「長寿命化」は21世紀のキーワードです。経済性とは、建設費・維持管理費・損害に対する補償費などのコストの総和を最小にすることであり、一般に金額を尺度としていますが、必ずしも明確にできない（人命の損失など）部分があります。通常、建設費が主な判断基準になりますが、最近では、初期建設費だけでなく、維持・管理・補修の費用を考慮に入れたライフサイクルコストを考えるようになってきています。文献によれば、橋の利用を終了するまでのライフサイクルに関連するコストは、①設計と建設の初期コスト、②定期的な点検と保守のためのコスト、③補修のコスト、④荷重の増大や設計基準の改定に伴う補強のコスト、⑤拡幅などに伴う改築のコスト（交通阻害の費用も含む）です。

ライフサイクルコストを下げ、経済性を向上させる上で、構造物の長寿命化は避けることはできません。橋の設計寿命はアメリカでは75年、イギリスでは120年と設計基準に書かれていますが、これらは設計寿命であって、構造物の物理的な寿命でもなければ機能上の寿命でもありません。長寿命化を図ることは後世につけを回さないという意味で非常に重要なことです。特に強調しなければならないことは、交通網の整備の観点から、建設された多くの橋が、維持管理・更新の時期を迎えている点です。ライフサイクルコストに占める維持管理の割合が年々増加しています。そのため、橋を造るときには、維持管理・更新のことを十分検討しておく必要があります。

地震や台風などの災害によるリスクをどのように考えるかという点も重要です。巨大な自然災害が増加している近年では、人命を護ることを最優先にしつつ、橋の被害を最小限にし、落橋させず、短期間で橋の復旧ができるように、あらかじめ検討しておく必要があります。

要点BOX
- ●維持・管理・補修を含めたライフサイクルコストが重要
- ●橋の設計寿命と機能上の寿命は別
- ●震災時の橋の被害と復旧を意識して設計する

便益と費用を勘案する

便益
便益
0
1
2
…
t_1
…
時間 t
B_{t1}
C_{t1}
維持管理費
C_0
初期費用
費用
B:便益
C:コスト

新技術で造った東京ゲートブリッジ

ライフサイクルコスト(LCC)の項目

初期建設費
- 計画・設計
- 建設

→

維持管理費
- 床版更新
- 床版部分補修
- 塗装塗り替え
- 支承取替え
- 伸縮装置取替え
- 舗装打換え
- 防水層更新
- 排水装置更新
- 定期点検
- 社会的損失

→

更新費
- 廃棄・処分
- 架替え
- 社会的損失

社会的損失の要素

道路橋を造るときの一般的な手順例

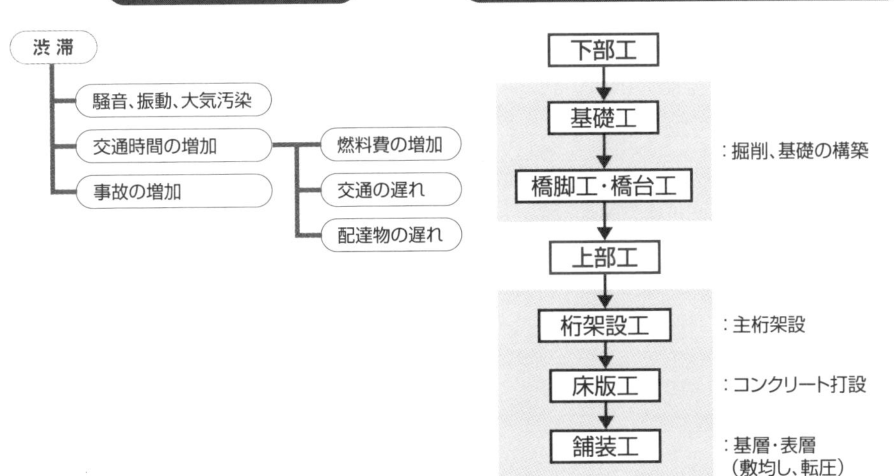

43 上部構造の造り方

使用材料による違いを理解する

鋼橋とコンクリート橋とで上部構造の造り方は大きく異なります。これは、材料の違いによって橋の造り方が異なるためです。鋼橋の場合、橋を構成する1つひとつの分割された部材の重さが、コンクリート橋の部材に比べて軽いので、運びやすいことが特徴です。このため、鋼橋の部材は工場で造られ、輸送されて現地で組み立てることができます。一方、コンクリート橋の場合では、工場で部材を造って（プレキャスト化といいます）も運べない場合には、現地で生コンクリートを打設しながら、造ることになります。ただし、最近では、鋼とコンクリートを用いた複合構造が上部構造に利用されるようになりましたので、必ずしも鋼の橋、コンクリートの橋と分けられない面もあります。さらに造り方にも工夫が必要になってきました。

鋼橋では、設計条件や設計基準を確認して設計を行い、図面を作成します。その図面をもとに、使用材料の量を算出し、部材を製作します。この間、発注者と施工する会社との間で打合せをし、発注者の承認と検査を受けます。製作された部材を仮に組み立ててみて（仮組立）確認します。確認が終了すると、塗装して工場での製作を完了します。現場では、輸送された部材を順次架設してゆき、最後に床版、高欄、塗装を行います。その後、発注者立会いのもとに竣工検査が行われ、橋梁工事が完了します。

コンクリート橋は、鉄筋コンクリート橋（RC橋）とプレストレストコンクリート橋（PC橋）とに大別されていますが、コンクリートの橋でも、設計条件や設計基準を確認して、設計を行い、使用材料の量を計算し、図面を作成するところまでは鋼橋の場合と同じです。造り方としては、工場や現場ヤードで造って現地に運んで架けるプレキャスト橋と、架ける場所で支保工などを組んでその上で造る場所打ち橋に分けられます。造り方の手順は、RC橋、PC橋ともにほぼ同じですが、PC橋ではPC鋼材を入れて緊張します。

要点BOX
●鋼橋とコンクリート橋で上部構造の造り方が異なる
●鋼橋は輸送された部材を順次架設
●プレキャスト橋は工場などで造って運んで架ける

鋼橋の造り方（鋼桁）

工場製作の一般的な流れ

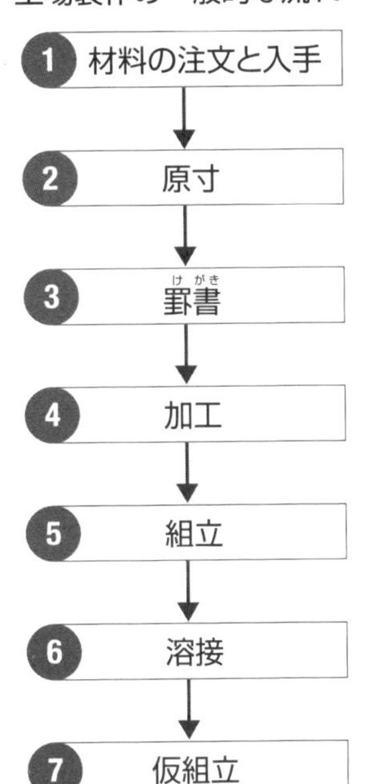

現地での架設は次項以降です。

PC橋の造り方（PC桁）

PC桁製作の一般的な流れ

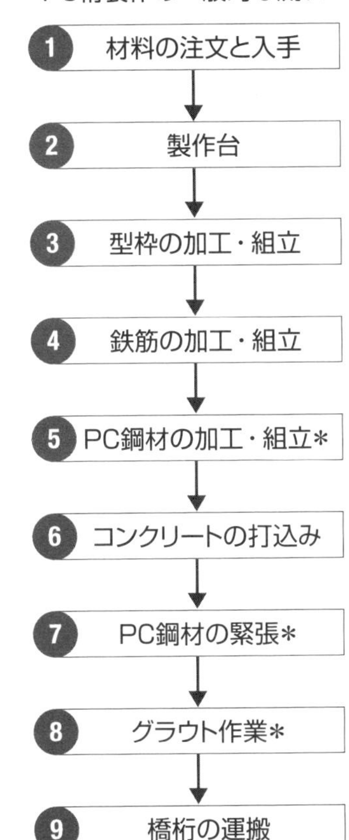

*の作業を除けば
RC橋の造り方となります。

鋼箱桁

コンクリートセグメント

44 下部構造の造り方

安定性・安全性の確保が基本

基礎、橋台、橋脚で構成される下部構造の中で、基礎の代表的なものは、直接基礎、杭基礎、ケーソン基礎です。これらは、基礎を設置する支持地盤の深さによって変わってきます。いずれの場合にも、基礎の安定問題には注意が必要です。基礎が沈下したり、転倒したり、滑動したり、応力や変形が過剰になることを防ぐことが大切です。

直接基礎は、支持層となる固い土または岩が、地表から5m程度の比較的浅い地盤のところにある場合に多く用いられる基礎です。支持層まで掘削してからフーチングと呼ばれる底版と橋脚を施工します。

杭基礎は、地中に施工した杭とその頭部に設けたフーチングとを結合して一体化した基礎で、支持地盤となる固い土または岩が地表から10m以上の比較的深いところにある場合に利用されます。

ケーソン基礎は、ケーソンを深さ40～60mの所定の支持層に到達させる基礎です。ケーソンとは、円筒状・四角い箱状の枠を、内部の土砂を掘削しながら、自重や載荷重あるいはアンカーからの反力によって支持地盤まで沈下させて設置し、構造物を支えるものです。構造的には、オープンケーソン、ニューマチックケーソン、ボックスケーソンの3種に分類され、材質的には、鉄筋コンクリートや鋼材が用いられています。

直接基礎はその底面の力を地盤に伝えるだけであるのに対し、杭基礎やケーソン基礎は底面と側面の両方からの力を地盤に伝えます。

橋台は、一般に鉄筋コンクリート構造で造られ、基礎のフーチング上に足場を設置し、鉄筋・型枠を組み立ててコンクリートを打ち込み、造られます。

橋脚には、鋼橋脚とコンクリート橋脚とがあり、鋼橋脚は、一般にブロック化され、クレーンにより順次積み上げられて造られます。コンクリート橋脚は、一般に高さが30m程度までは橋脚の周囲に足場を組み立て、コンクリートを打ち込みながら造ります。

- ●下部構造は、基礎、橋台、橋脚で構成される
- ●基礎には、直接基礎、杭基礎、ケーソン基礎がある
- ●橋台と橋脚を造る手順はほぼ同じ

橋台を造る手順（例）

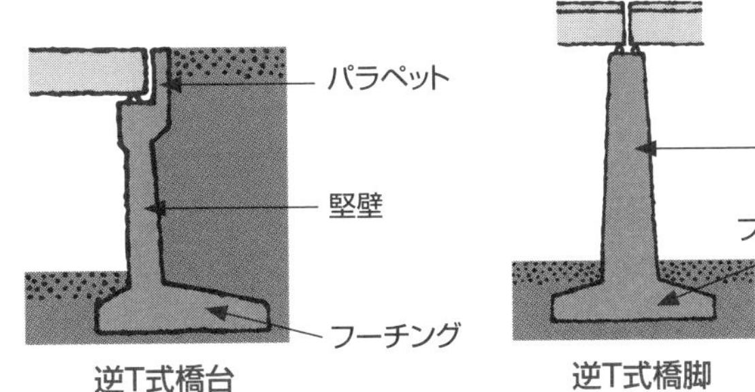

逆T式橋台

準備工
↓
掘削
↓
フーチング構築
↓
堅壁構築
↓
パラペット構築
↓
裏込め埋戻し
↓
工事完了

橋脚を造る手順（例）

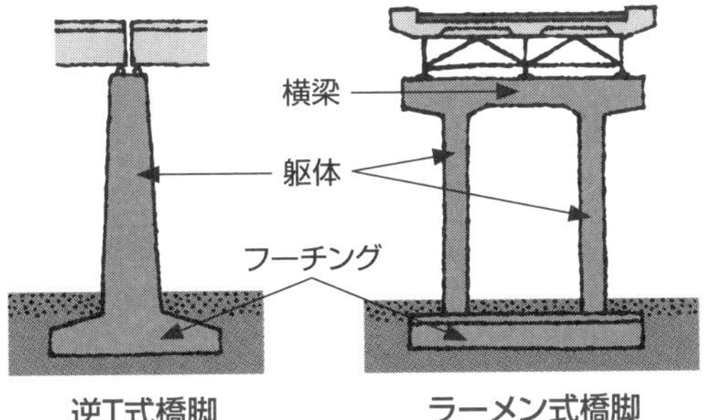

逆T式橋脚　ラーメン式橋脚

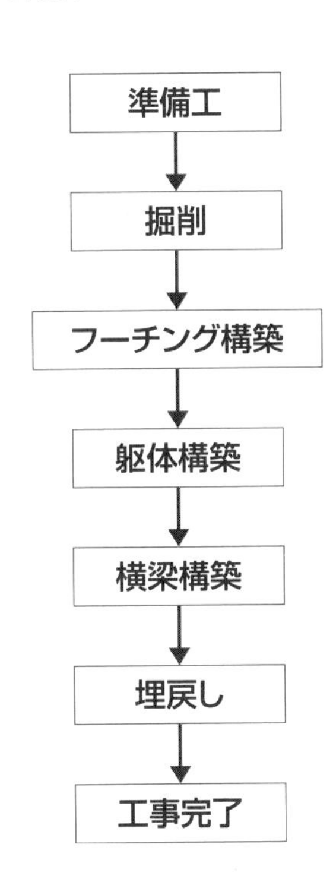

※裏込め：橋台の背面の空間に砂利や割栗石を詰めて安定させること
※埋戻し：掘削した空間を土で埋めること

45 橋の上部構造を支える部位

支承部

支承部は、上部構造と下部構造を接続する部位です。この部分が支承と呼ばれる部分で、上部構造から下部構造に力をきちんと伝えるために、それらの境界に設置する支持装置です。力の伝達以外にも、特定方向への水平移動や回転を許しながら反力の伝達を図っています。要求性能は、活荷重や温度変化等による上部構造の伸縮や回転に追随すること、地震や風等による横荷重に対して安全であること、などです。完成後の橋での不具合は、支承の据付の際の不具合が原因となることがありますので、注意が必要です。

橋の上部構造は気温の変化や自重、経年変化によって、伸びたり縮んだり、曲がったりします。さらに、災害などにも対応することも求められます。したがって、支承部の役割には、①上部構造の自重や乗っている荷重を安全に下部構造に伝える、②温度変化による橋の伸び縮みに対応する、③橋の曲げやねじりに対応する、④地震や台風に対して橋を安全に守る、などがあります。

支承は、橋の形式や大きさ、地震に対する設計手法の違いで様々な形式や機構が考えられています。材料の違いで分類すると、鉄鋼材料で構成されている鋼製支承とゴム材料で構成されているゴム支承に分けられます。

支承を水平方向の力を支える機能の違いで分類すると、地震力などの水平力を支える固定支承と、水平力は支えませんが上部構造の伸縮には滑らかに動ける可動支承とに分けられます（3項参照）。

さらに、地震力に対する機能で分類すると、ゴム支承のせん断剛性を利用して地震力を多くの支点に分散させることのできる地震時水平力分散ゴム支承と、減衰機能を持っている免震支承に分けられます。

要点BOX
- ●支承部は上部構造から下部構造に力を伝えるとともに、上部構造の動きに追従する
- ●水平移動を許さない固定支承と許す可動支承がある

支承の例

ピン支承(固定支承)

ローラー支承(可動支承)

ゴム支承(道路橋)

ゴム支承(鉄道橋)

支承は、上部構造から作用する力を下部構造に伝える機能と上部構造の動きに追従する機能を持っています。上部構造から下部構造へ伝える力としては鉛直方向の力と水平方向の力があります。追従すべき動きとしては水平方向変位と回転があります。水平方向の移動を許さない支承を固定支承、許す支承を可動支承と呼んでいます。

支承部は、塵埃や雨水の影響を受けやすいので、耐久性や耐候性に注意する必要があります。

46 橋の伸び縮み対策

伸縮装置

　橋の上部構造から下部構造へ伝達する力としては、鉛直方向に加えて水平方向の力も見なければなりません。橋の通行方向に写真のような構造を見たことがあるのではないでしょうか。これは伸縮装置、あるいはエキスパンションジョイントと呼ばれるものです。橋は、鋼やコンクリートで造られていますので、温度の変化などによって伸びたり縮んだりします。したがって、長い橋はその長さに応じて伸び縮みの量が変化するので、連続した部材（床版や主桁）を長くしすぎると大きく変化してしまいます。なお、橋に継ぎ目を設ける場合には、継ぎ目の部分にあらかじめ少しだけ隙間があけてあります。ただし、隙間を確保しすぎると、寒い冬には大きく隙間が開いて、車の通行に支障をきたすことがあります。そのため、継ぎ目には伸縮装置が設置されているのです。伸縮装置は、気温の変化に伴う伸縮、コンクリートのクリープや乾燥収縮、車両の通行による桁のたわみによる桁端の回転や移動、地震時の桁の移動などに対応して、車両の安全な通行を可能にしています。

　このため、伸縮装置は、いろいろな荷重状態においても平坦性が確保でき、必要な伸縮量を得るために、橋の伸縮の程度に応じて、その形や大きさを変えていますが、設計時には、この長さの変化を計算しています。材料としては鋼製やゴム製のものが主として用いられますが、アルミニウム製のものもあります。

　道路橋のように直接車輪の荷重を長期間、繰り返し受ける伸縮装置には、かなりの耐久性が求められます。さらに、伸縮装置のある桁端は、構造が不連続になっているので、漏水の原因となる恐れがあるので、止水性にも十分な注意が必要です。伸縮装置の種類は、伸縮量に応じていろいろあります。20㎜未満の小さな伸縮に対しては埋設型、35㎜未満までは荷重を支持しない突合せ型、これ以上の伸縮量に対しては、荷重支持型の伸縮装置が選ばれます。

要点BOX
- ●橋の伸び縮みを継ぎ目で埋める伸縮装置
- ●伸縮量の確保を計算して設計する
- ●道路橋などでは耐久性も重要

荷重支持型の伸縮装置の例

鋼製フィンガージョイント（わが国で実績多い）

モジュラー型ジョイント（ヨーロッパで実績多い）

アルミニウム製ジョイント（騒音減少の効果あり）

伸縮装置とは、橋の温度変化、コンクリートのクリープおよび乾燥収縮、荷重などによる桁端の隙間を埋め、隙間が生じないようにして、車輪が橋面を支障なく走行できるようにするための装置です。

47 橋を落とさない仕組み

落橋防止システム

地震の多いわが国では、地震が起きた際の落橋を防ぐための方法として、隣り合う上部構造同士を連結したり、上部構造と下部構造を連結するなどの対応がとられてきました。近年では、構造部材や地盤の破壊に伴う予期できない構造系の破壊が生じても、上部構造の落下を防止できるように、落橋防止システムを設置しています。落橋防止システムでは、橋の構造形式、下部工の構造と支承のタイプ、地盤の条件などに対応して、必要な構造が検討されています。

一般に、落橋防止システムは、桁かかり長、落橋防止構造、横変位拘束構造および段差防止構造から構成されています。桁かかり長は、下部構造や支承が破壊し、上下部構造に予期しない大きな相対変位が生じた場合にも、落橋を防止するためのものです。落橋防止構造は、下部構造や支承が破壊しても、上下部構造間に桁かかり長を超えるような変位が生じないようにする構造です。横変位拘束構造は、支承部が破壊したときに、上部構造が回転することで下部構造から逸脱することを拘束するための構造です。段差防止構造は、支承高が大きい鋼製支承などが破損した場合に、路面上に車両の通行が困難となる段差が発生するのを防止するための構造です。一般的には、落橋防止システムには橋軸方向には桁かかり長・落橋防止装置で、橋軸直角方向には桁かかり長で、回転方向には桁かかり長・横方向変位拘束構造で対応するようにしています。平時には、それほど機能しませんが、いざというときに大いに機能するシステムです。弱点となりうる取り付け部は重要な役割を果たしますので、常時監視しておく必要があります。1995年に発生した兵庫県南部地震以降、設計で想定しきれない地盤の破壊や特殊な構造上の破壊にも対応できるように、落橋防止装置には、PC鋼材やチェーンにより桁をつなぐ方法がとられるようになりました。

要点BOX

●地震などから橋を守る落橋防止システム
●桁かかり長、落橋防止構造、横変位拘束構造、段差防止構造などから構成

落橋防止構造の例

PC鋼線による桁間連結

落橋防止構造

落橋防止構造の設計手順

設計地震力の設定

↓

落橋損傷モードの設定

↓

落橋防止構造と断面寸法の設定

↓

落橋防止構造の要求性能の設定

↓

落橋防止構造の設計

↓

落橋防止構造と断面寸法の照査

48 橋の付属物

高欄・防護柵・排水施設・照明施設・点検施設など

道路橋で歩道と車道が区別されているとき、橋の路肩に沿って設けられている柵あるいは壁状の安全施設として高欄（欄干とも呼ばれます）があります。人が橋から落ちるのを防止することを主目的としていますので、高欄の高さは路面から110cmを標準とし、その頂部に250kg／mの直角方向の水平荷重が作用するものとして設計されます。

道路橋では、路肩をはみ出して自動車が橋の外へ転落するのを防ぐため、車両用防護柵（ガードレール）が設置されています。歩行者と車の通行区分がある箇所では、高さの低い欄干状の構造であり、自動車防護柵とも呼ばれます。車両用防護柵に要求される性能は、車両の逸脱防止性能、乗員の安全性能、車両の誘導性能、構成部品の飛散防止性能です。構造としては、金属製のたわみ性防護柵と鉄筋コンクリート製の剛性防護柵に大別されます。防護柵は、一般に自動車による事故を防止するためのものですので、デザイン的にはそれほど自由度は大きくありません。一方で、観光スポットなどにある橋の歩道の脇にある高欄にはいろいろなデザインがあり、地域の文化や歴史に貢献しています（写真参照）。

道路橋では、路面に排水のための勾配が付けられているだけでなく、路肩には橋の長さ方向に一定間隔で、排水ますが埋め込まれていて、路面の雨水を排水しています。橋面の横断勾配は1・5～2・0%が標準ですが、橋梁前後の縦断勾配の関係で橋面が凹になる場合には、その凹部の最低部に排水ますを設置することになっています。また、伸縮装置の近くにも排水ますを設けて伸縮装置への水の流入を減らす工夫が必要です。水じまいに関していえば、箱桁やトラス部材などの閉断面部材のような、構造上水のたまりやすい場所には、水抜き孔を設けることがよいとされています。

要点BOX
- ●人が落ちるのを防止する高欄と車の転落を防ぐ車両防護柵
- ●排水に役立つ路面の勾配、排水ます、水抜き孔

橋の付属物の例

照明

高欄

車両用防護柵

蔵前橋の高欄
（国技館近くであったことによる力士のレリーフ）

車両用防護柵
（ガードレール）

桁下の排水管

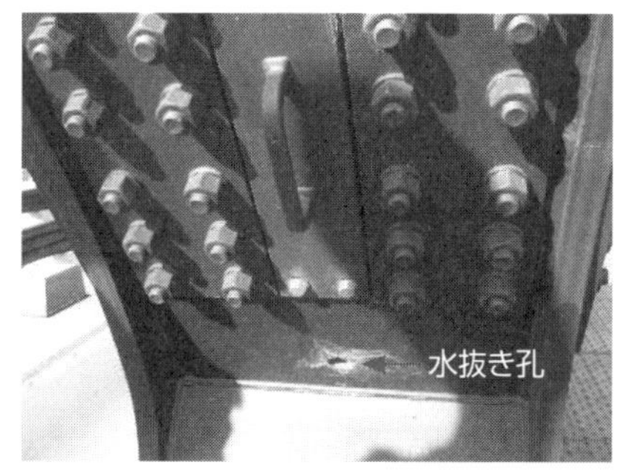

閉断面トラス部材の水抜き孔

Column

情報通信技術（ICT）と橋の設計・施工・維持管理

国土交通省は橋梁事業の生産性と安全性の大幅な向上を図るため、調査・測量から設計、施工、検査、維持管理までのあらゆる工程でICTを活用するi-Bridge（アイ・ブリッジ）という取り組みを推進しています。

3次元による設計・施工計画では、コンピュータを用いた3次元データでの設計、3次元モデルでの干渉チェック等の詳細確認を行い、維持管理面の配慮を設計段階から行うほか、周辺構造物の3次元情報を反映させることで、より円滑で安全性が高い施工計画が作成されています。鋼橋の場合は工場製作のロボット化や仮組立のシミュレーション化により生産性の向上が図られ、PC橋の場合では現場ごとの一品生産、部分別最適設計となり、工期や品質の面で優位な技術の採用が困難であるため、部材の規格を標準化することで、プレキャスト製品やプレハブ鉄筋などの工場製作化が進められ、生産性向上が図られています。さらに、現場施工では、自動追尾トータルステーション、レーザセンサ、超音波センサ、傾斜センサによる監視、モニタカメラを使った死角作業の安全確認などでICT技術が活用されており、検査・納品はレーザスキャナを用いた出来形管理等にもICTの技術が利用されています。

設計・施工・維持管理時のリダンダンシー、レジリエンス、ロバスト性の評価に加えて、ヒューマンエラーを検出することができるシミュレータの出現にも期待が集まっています。現在でも人工知能技術（AI技術）の利用のもと、現場で数多くのデータを収集すれば、それらのビックデータでディープラーニングができます。

将来AI技術で橋梁工学の多くの課題が解決できるようになることは間違いないでしょうが、注意すべきことはAI技術で全てを解決できることはないので、AIで得られたビックデータをいかにして計画、設計、施工、維持管理に反映させるかが鍵となります。AI技術では例外に対応することは難しいとされています。そのため、常時・非常時を問わず想定外を考えておく必要があります。非常時・災害時においては、人が災害現場に行くことは難しいので、やはりロボットに任す、あるいはAI技術を積極的に使う、というような方法が考えられます。社会環境が多様化・複合化し、活動の場がグローバル化する中では、橋梁の設計・施工・維持管理の技術開発におけるICTの利用は不可欠です。

第 5 章

橋はどのように架ける?

49 橋を架けるときの考え方

施工時には形や構造が刻々と変化する

通常、橋を架けるときは構造的にまだ安定していないため、最も注意を要します。上部構造も下部構造も完成したときに必要な性能が発揮できるように設計されており、橋を架けている途中段階では、刻々と構造系が変化します。安全対策が最優先事項ですので、多くの状況や状態をきめ細かく想定しなくてはなりません。

このため、現地での調査を詳細に行って、架設計画を綿密に立てる必要があります。一般的には、施工体制と組織を明確にし、緊急時の連絡体制を整えておき、仮設備計画を作成し、保安設備を設け、施工計画を作成します。施工計画は、施工方法・施工順序・細部の作業手順より構成され、橋本体が常に安全であることを確認する架設計算が非常に大切になります。関連して、安全衛生管理、施工管理、対外協議、工事工程計画も検討します。

具体的に注意すべき点は、施工では、施工計画を立案し、その計画に従って、設計図書（設計図や仕様書など）に準拠しつつ、設計、施工、維持管理の担当者間で情報交換し、施工の品質を確保します。施工計画では、橋の構造条件、環境条件、施工条件、および作業の安全性を考慮して、工程、施工法、使用材料、品質管理、検査、環境対策、および安全対策等を考慮することになります。使う材料は、設計で設定された品質を満足するように選定することを原則としています。

施工と施工管理技術の品質の向上にあたっては、適正な施工の実施と厳重な施工管理が必要です。この施工管理では、発注者による施工の確認のみならず、受注・発注両者ともにきちんと確認することが不可欠です。工事の実施についても、発注者、設計者、施工者が一体となって、良いものを造るという精神のもとに品質を確保する必要があります。

要点BOX

- 橋を架けている途中は構造が変化する
- 施工計画を設計側と施工側などで共有
- 設計品質の向上には厳重な施工管理が必要

橋を架けるときの施工手順・架設工法の決定手順の概要

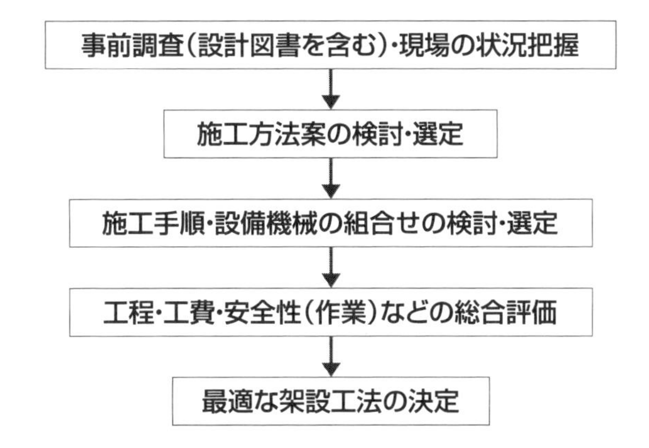

技術の理想と現実の違いの可能性(古くて新しい問題)

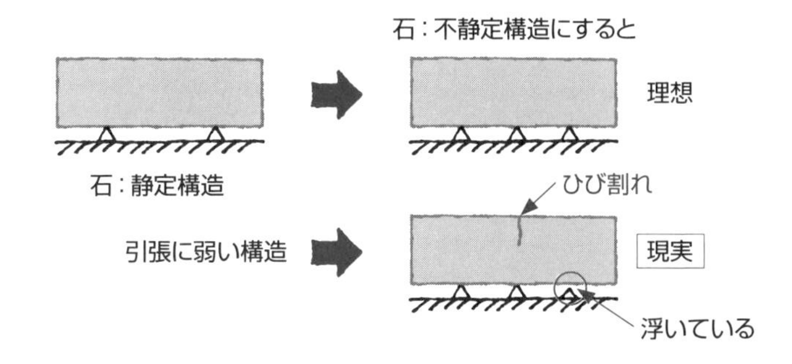

(注)実際の架設中の橋では、部材を安定して動かない構造と考えずに、不静定構造(力のつり合いだけでは反力が求まらない構造)であると考えるのがよいでしょう。上の図の簡単な例で見られるように、引張に弱い石のような曲がりにくい部材を2点で支えるときには、反力はそれぞれ全重量の半分です。ただし、心配だから支点を増やして3つにすれば反力はそれぞれ全重量の半分以下にできるので、支点の負担を小さくできるであろうと考えることは自然ですが早計です。実際には、3つの支点を適切な高さに調整にすることは難しい場合があります。つまり、端の1つの支点が機能せず、中央の支点上の表面に引張力によるひび割れが入ってしまうことがあり、予想外の結果が生じることがあります。やはり、架設時の構造でも、常に構造解析の3条件を3次元空間的に意識していただきたいです。

50 鋼橋の施工における着目点

安全対策と施工管理体制

現場施工は、工場で製作された部材の架設現場への輸送、部材の組立および連結、架設、床版の施工等の工程から構成されます。具体的には、設計で前提とした施工方法および施工順序に対して、施工計画や品質管理計画を作成し、橋の安全性の確保に十分配慮し、適切かつ確実に施工を行うことが必要です。施工計画時および施工の各段階において、安全対策を十分検討するとともに、現場施工時の安全管理が適切に行われる体制を整える必要があります。

現場への輸送については、道路を通行して輸送する「陸上輸送」と、航路を航行して輸送する「水上輸送」に大別されます。部材は途中で損傷することのないように、適切な輸送方法を選定し、輸送中の振動・衝撃や変形で部材が損傷しないように、安全に輸送するようにしなければなりません。橋の規模・構造条件、架設機材の構成、施工時荷重等の条件によっては、完成時のみならず架設時の安全性確保に十分な配慮が必要です。架設時に、橋本体と架設機材から構成される構造系が不安定な状態になり、座屈、変形等が生じた事例が報告されています。

架設計画の立案にあたっては、現地状況、構造形式、工程的制約を十分に調査し、安全かつ経済的な工法を選定する必要があります。

架設中の鋼橋は施工段階によって形状や応力状態が変化するため、架設設計にあたっては、架設中の本体構造物はもちろんのこと、仮設構造物についても、各施工段階に応じた構造解析により安全性の照査を行うことが必要です。起こりうる全ての事象を正確に反映することは困難なため、不確実な要因に関わる部分については、安全側に沿って考慮します。

現場溶接の施工では、気象条件、溶接姿勢、開先精度等、種々の面で工場施工と比較して不利な条件下での施工となることが多いので、しっかりとした施工管理体制を構築しなければなりません。

要点BOX

- 施工の各段階で安全性の確保に配慮する
- 架設時の条件次第で構造系が不安定になる
- 本体に限らず仮設構造物の安全性も照査する

施工中の鋼橋の例

施工中の東京ゲートブリッジ

施工中の鋼トラスの格点部

東京ゲートブリッジの一括架設(海上部)

大型クレーンによる一括架設(陸上部)

(出典：(一社)日本橋梁建設協会)

(補足) 世界的に評価された「鋼桁橋」という名著(英文で1888 年発行)を書かれた廣井勇博士は、逸話によれば、「設計だけする人はいくらもあるが完全に工事を遂行する人は少ない。設計よりは工事をまとめる事の方が大切だ」とつぶやかれたとのことです。やはり、施工の大切さは、昔も今も変わりません。

51 コンクリート橋の施工における着目点

品質管理ときめ細やかな施工計画

コンクリート橋の施工では、鉄筋のかぶり不足、フレッシュコンクリート（以下、生コンと略す）への加水による単位水量の増加、PCのグラウト不良など、多くの注意すべき点があります。

生コンの受け入れ時の試験としては、①スランプ試験（目標値以下であることを確認）、②空気量試験（凍結融解に対する抵抗性を検査）、③塩化物試験（鉄筋の腐食防止）、④練り混ぜ後の経過時間（流動性の確認）、⑤単位水量試験（許容値以下の確認）、などがあります。きめ細やかな打設順序計画、打設量に見合う作業員やバイブレーターの数の確保、コールドジョイントを作らない生コンの輸送計画を立てることが大切です。型枠はセメントペーストが漏れずに、はらみ出し等が生じない十分な強度を持つ必要があります。支保工は十分な強度とともに、変形も抑える必要があるので、剛性の確保も必要になります。

コンクリートの打設計画は、①打設順序、②打設区画の数量、生コンの供給能力、打設の工程、施工区画の断面形状、打設能力、③打ち継目の位置、④打設区画の中の打設順序、⑤生コンの手配、打設数量、時間、生コン車の現場到着の間隔などの確認、などより構成されています。配合では、ブリージングの少ない配合が大切です。コンクリートの乾燥収縮を減らすには、コンクリートのワーカビリティーの得られる範囲で細骨材を減らし、粗骨材を多くし、単位水量を減らすことが望ましいです。打設では、打設前の型枠の清掃、打設時のコンクリートの十分な締固め、レイタンスの処理が必要です。養生では、乾燥収縮ひび割れ等の発生がないように一定期間、適当な温度で十分な湿潤状態に保ち、十分な強度を発揮させることが大切です。混和材料は、セメント、水、骨材以外の材料で、練り混ぜの際に必要に応じて添加し、コンクリートの性質の改善に使用されます。膨張材、AE剤、減水剤などがあります。

要点BOX

- ●コンクリート橋ではかぶり不足、加水量増加、PCのグラウト不良などの欠陥に注意
- ●生コン受け入れ時の試験と輸送計画を重視

施工中のコンクリート構造の例

施工中の斜張橋のコンクリート製
主塔のケーブル定着部

架設中のエクストラドーズド※橋の桁

コンクリート製の支保工支柱

コンクリート床版の施工後

(補足)「良いコンクリートをどのようにして作るか」というテーマに関する、コンクリート工学の父とされる吉田徳次郎博士の言葉を紹介します。

吉田徳次郎博士は、「良いコンクリートもセメント、水及び骨材(砂と砂利のことです)を練り混ぜたものであり、悪いコンクリートもセメント、水及び骨材を練り混ぜたものであり、両者の差は、コンクリートについての知識と施工についての正直親切の程度の差からおこるものである。よって、良いコンクリートを作るには、セメント、水及び骨材のほかに、知識と正直親切を加えなければならないことになる」と言われています。施工の大切さがにじみ出ている名言です。

※エクストラドーズド橋：主塔と斜材によって主桁を支える外ケーブル構造を持つ橋

52 鋼橋の架設工法

架設工法と架設用機械との関係

鋼橋の架設は、製作された部材を現地まで運搬し、所定の位置に組み立てる作業を指します。一般に鋼橋の架設工法は、架橋場所の地形条件や橋の種類によって異なります。架設技術の向上は、架設工法と架設用機械の開発にかかっています。道路橋と鉄道橋では、橋床の形状が違います。道路橋では路面は舗装されており、鉄道橋ではレールを受ける枕木があります。代表的な架設工法には、次のものがあります。

①ベント工法・片持ち式工法：橋の支間の中間部の継手付近に仮設した鋼製脚（ベント）の上に、移動式クレーンで上部工を架設し、架設桁の連結作業を完了した後、ベントを解体・撤去する方法。桁下の高さが20～30m程度のときに採用されます。②送り出し工法：手延べ機等を用いて隣接箇所で組み立てた橋桁を送り出して架設することで、橋体自体で支持するもので、軌道や道路または河川を横断して架設する場合に適用されます。③片持ち式工法：既に架設した支間を利用して次の支間に向かって片持ち式に張り出し架設する方法で、連続桁や連続トラスの架設に用いられます。桁高が高い場合や桁下空間の利用が制約される場合に適しています。④ケーブル式工法：橋下の架設条件が、深い谷部や流水部など、ベント設置がむずかしい場所で、両岸に鉄塔やアンカーの設置が可能な場合に用いられる工法です。⑤一括架設工法：橋桁を製作工場または架設現場付近にて地組した大ブロックを台船に載せ、架設位置へ曳航運搬し、架設位置にて台船を係留、位置決め調整後、そのまま一括架設する工法です。⑥架設桁工法：架設桁（トラス）を事前に架け渡し、逐次橋桁を吊り込みまたは引き出して架設するもので、架設場所が深い谷部や軌道上でベントが組めない場所や、高い安定度が必要な曲線橋の架設に適用されます。その他にも、トラッククレーンやクローラークレーンで短スパンの桁を架設する方法（下図参照）などがあります。

要点BOX

●鋼橋の架設工法にはベント工法、送り出し工法、片持ち式工法、ケーブル式工法、一括架設工法、架設桁工法などがある

鋼橋の架設工法の分類

鋼橋の架設工法	ベント工法
	送り出し工法
	片持ち式工法
	ケーブル式工法
	一括架設工法
	架設桁工法

トラッククレーンベント工法の例

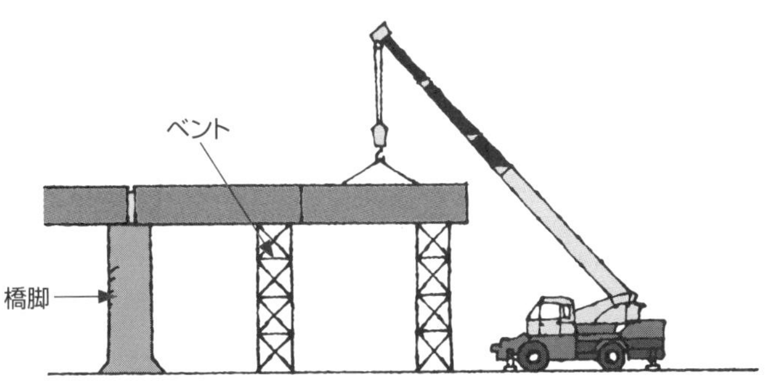

橋脚と橋脚の間に立てたベントを仮支点として
主桁を架ける工法をベント工法といいます。

ベント工法の例

53 コンクリート橋の架設工法

場所打ち工法とプレキャスト工法

コンクリート橋の架設工法は、大きく分けて、場所打ち工法とプレキャスト工法に分けられます。場所打ち工法は、コンクリートの打設を現場で行います。場所打ち工法には、次のものがあります。

①固定支保工式架設工法：架設場所に固定支保工(仮の支え)を組立て、その支保工上でコンクリートを打設し、橋体を造る工法で、荷重に対して、支保工および基礎の強度についての検討が不可欠。固定支保工では大型の架設用機械は必要ありません。②移動支保工式架設工法：1径間分の支保工と型枠装置を有する設備(移動支保工設備)を用いて、橋体を1径間ごとに施工する架設工法で、移動支保工設備内での作業がくり返し作業となるために工程を管理しやすく、品質が安定するのが特徴。径間数が多く、支間が等間隔の場合に用いられます。③押出し工法：橋台後方の橋軸方向にプレキャストブロック製作ヤードを設け、ヤードで大型ブロックを製作し、これらのブロックを架設用PCケーブルで一体化させせながら前方に押出し、橋台・橋脚上に設置された滑り支承上を移動させて架設を行う工法。④カンチレバー工法：橋台または橋脚から支間中央に向かって張り出し施工する工法(下図参照)。現場打ち工法とプレキャストブロック工法があります。

一方、プレキャスト工法はあらかじめ工場で製作したプレキャスト桁またはプレキャストブロックを現場で架設・接合する工法です。

①プレキャスト桁架設工法：プレキャスト桁は工場や現場付近の製作ヤードで製作され、所定の位置まで運搬移動し、据付け組立ができる桁を準備し、現場で架設接合する工法です。②プレキャストブロック架設工法：プレキャスト部材を部材方向に、いくつかのブロックに分けて製作し、架設地点付近または架設位置で接合面に接着材を用いてブロックを継ぎ足し、プレストレスを与えて構造部材とする工法です。

要点BOX
- ●コンクリート橋の架設工法は場所打ち工法とプレキャスト工法に大別される
- ●場所打ち工法はコンクリートの打設を現場で行う

コンクリート橋の架設工法の分類

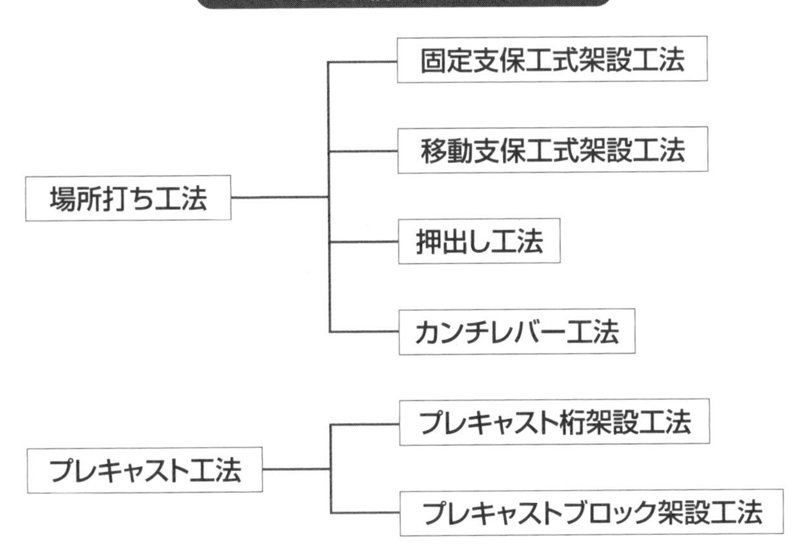

カンチレバー張り出し架設工法の例

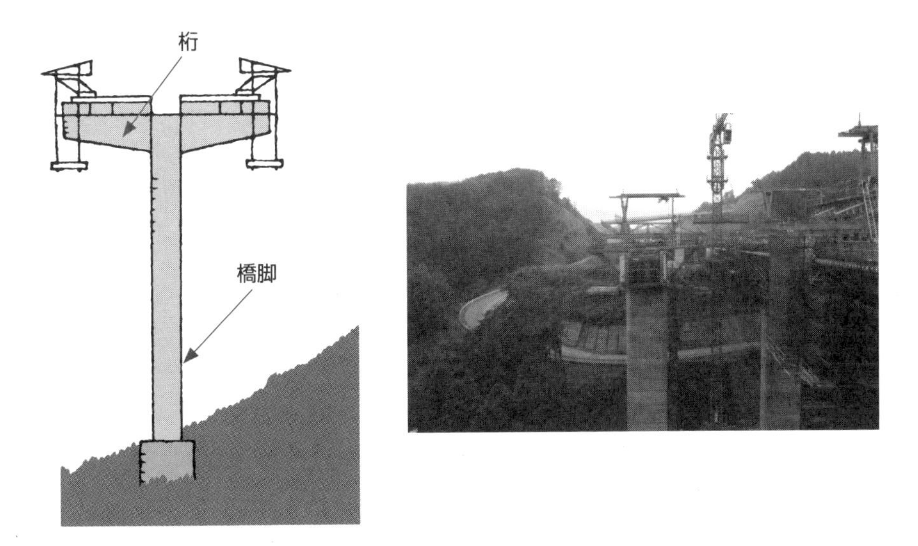

橋脚から左右に桁を伸ばしていく架設工法で、
3~5mを1ブロックとして張り出していきます。
支間60m以上の橋で用いられる一般的な架設工法です。

Column

橋梁工学では橋とのコミュニケーションが大切

　我々は周りを見ているようで見ていないようです。橋だけでなく、周りをよく見ていることが防災・減災対策に通じると考えられます。ローマ時代の技術者は橋に必要な要素は「用・強・美」であるといっています。用とは、使いやすく便利なこと、強とは、丈夫で長持ちすること、美とは、美しく魅力的であることです。「用・強・美」の観点から橋を見てもらうのが一番わかりやすいと思います。専門的な知識があっても、なくても、「用・強・美」に注目して、橋と向き合うことが大切です。誰でも何かしらの情報が得られると思います。これが橋とのコミュニケーションをとる第一歩です。

　構造物とコミュニケーションできるかどうかが技術者の技量を分けます。悲痛な叫びをあげている橋を見たときに、一声かけられるかどうかです。図面や文献だけでコミュニケーションをとることは難しいです。図面や文献だけでは双方向のコミュニケーションができないからです。実際の橋を前にすれば、橋とのコミュニケーションはそれなりにできます。初心者には初心者なりのやり方で、ベテランにはベテランなりの方法でコミュニケーションができます。いうまでもなく、コミュニケーションの第1歩はunderstandです。上から目線のoverstand(このような英語はありませんが)ではいけません。素直に橋梁の声なき声を聴くことです。

　橋とコミュニケーションをとる上で最も重要なことは橋が好きかどうかです。橋が好きになれば、いろいろな形でコミュニケーションをとりたくなります。とにかく橋と向き合うことです。実際に日々橋に携わることは橋とのコミュニケーションそのものです。橋を造らなければ技術は伝わりません。橋を造るときの難しさは目に見えるところではなく、目に見えないところにあります。その目に見えないところの技術を磨くには、橋とコミュニケーションをとる訓練をすることが近道です。個人的には、このようなコミュニケーション技術もICTではないかと思っています。

モニタリング：これも橋とのコミュニケーション

AIやロボットやドローンが効率的に利用される時代になりました。

橋はどのように守る?

54 橋の維持管理の考え方

維持管理サイクルと橋の要求性能

　橋の維持管理というのは、人間で言えば、体の手入れ、健康保持、介護などに相当します。橋にとっては完成後50年ぐらいが高齢の目安です。「今ある橋をいかに長持ちさせるか」という技術が、最大の検討事項ですが、1960年代1970年代に急激に橋を建設した結果、高齢化した橋が増えています。

　橋の維持管理は、設計図書、しゅん工図、検査の記録、点検結果等を含む過去の維持管理の記録をもとに、橋の状態を考慮して維持管理計画を作成し、その維持管理計画に基づいて、橋が所要の要求性能を確保できるようにすることです。橋の性能確保のための考え方に加えて、点検・性能の評価、対策の要否判定などの診断、対策・記録についての具体的な方法や実行体制、などを策定します。

　点検は、橋の変状やその可能性を発見し、橋の性能評価に必要な情報を得るために、目的に応じた調査や方法で行われます。性能評価は、点検によって得られた情報等に基づき、橋が設計供用期間を通じて、設定された要求性能の水準を満足することを確認するために行い、その結果に応じて対策の要否判定およびその検討を行います。対策にあたっては、橋の重要度等を考慮して、対策後の性能が橋に設定された要求性能の水準を満足するようにします。

　維持管理では、維持管理計画に基づいて設計・施工の記録を理解し、連携し、適切な体制の下で行い、その品質を確保する必要があります。

　橋を適切に管理するためには、管理図を作成しておくことが大切です。施工段階で追加や変更のあった部材や構造、残される架設用部材など、完成時の橋における正確かつ詳細な情報が反映された図面を作成することや、用いる点検要領におけるデータ取得方法などと対応させて部材番号を付与しておくなど、供用後直ちに正確な情報に基づいて適切な管理が行えるような管理図の作成が望まれます。

要点BOX

- ●維持管理計画を作成して要求性能を確保する
- ●性能評価で確認して対策の要否判定を行う
- ●要求性能の水準を満足できるように対策する

インフラの維持管理と橋梁の長寿命化・健全化

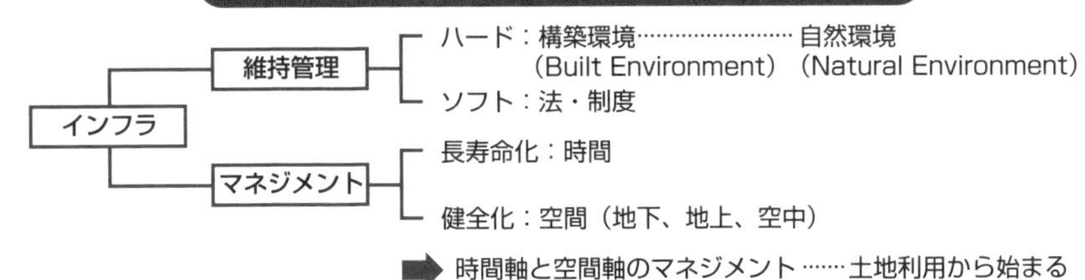

時間軸と空間軸のマネジメント……土地利用から始まる

橋梁の長寿命化と健全化は維持管理と
マネジメントのコラボレーション

設計から維持管理までの性能を保つ取り組み

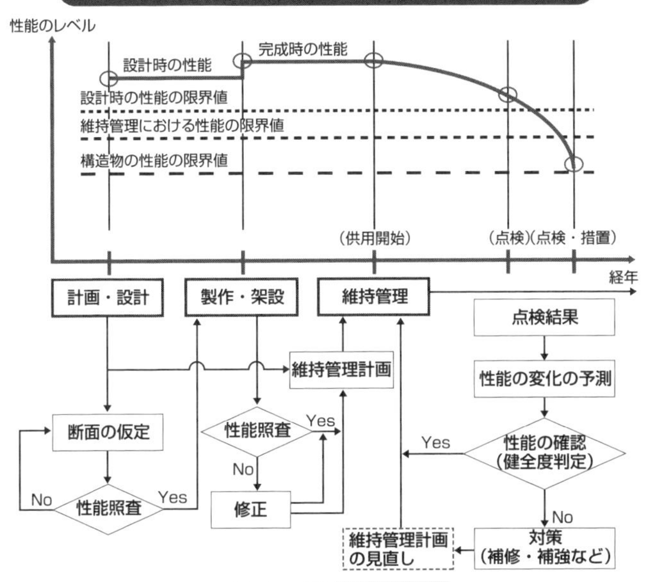

橋の維持管理の流れ

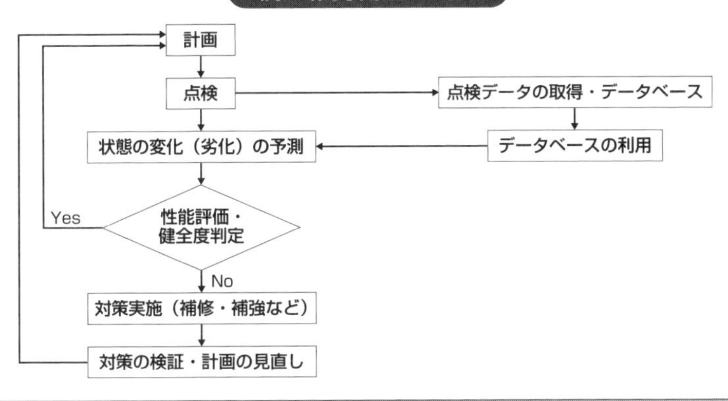

55 橋の設計寿命と橋を守る技術

リスクベースの維持管理

コンピュータ技術を援用し、ICT技術を駆使したモニタリングを実施することが橋の維持管理のコストパフォーマンスを考える上で重要です。橋の長寿命化でも、①橋を大切にする国民意識の醸成、②予防保全のための十分な予算、③長寿命化技術の進歩、④維持管理システムの向上、⑤データベースの充実、が大切です。その実現にあたっては、優先度の高いところから集中的に長寿命化を行う「選択と集中」により、戦略的な整備を進めることが重要です。

橋というのは、すべての部分が一様に劣化するのではなくて、かなりの部分はほとんど手を入れないで長持ちすると見るのが一般的です。原因がないかぎり急激な劣化をしないと理解してもよいでしょう。劣化する原因を1つひとつ解決していけば、基本的にはかなりの長寿命が可能になります。

高度成長期以降に多くの橋が整備されたわが国では、橋の長寿命化や維持管理・更新のライフサイクルコストの縮減・平準化を図ることは喫緊の課題です。橋の劣化や損傷をセンサによって計測する技術、計測データを収集・伝送する通信技術、データを分析評価するモニタリング技術、などの目覚ましい進歩・発展は、この課題の解決への後押しになっています。

さらに、コストを考えるときにどうしても切り離せないのがリスクです。橋の維持管理では、損傷の発生確率を減少させ、損傷被害の影響を低減することができれば、リスク(損傷と被害の確率)の最小化が図れます。コストとリスクのバランスをどのように考えるかがモニタリング技術の実用化の鍵になります。

1つの考え方として、高リスクの劣化・損傷に対しては優先的に対処し、その一方で低リスクの劣化・損傷に対しては維持管理作業を縮小または延期することによって、橋全体のレジリエンスを維持しながら維持管理費の最適化を図ることが考えられます(これをリスクベースの維持管理といいます)。

要点BOX
- ●ICTを利用して橋を守る
- ●モニタリング技術が維持管理を支える
- ●橋の長寿命化には戦略が必要

橋の寿命の分類

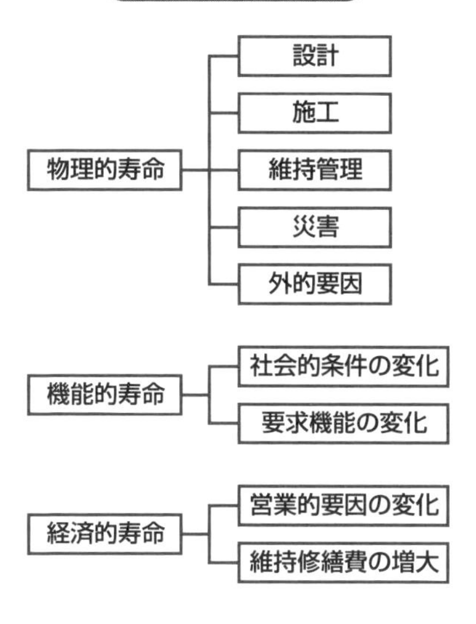

橋の物理的寿命を左右する要因

❶設計要因
鋼構造物：疲労、腐食など
コンクリート構造物：塩害、アルカリ骨材反応など

❷施工要因
品質管理、品質確保、品質保証

❸維持管理要因
点検の重点化・最適化
劣化対策

橋の長寿命化対策の視点

- 点検・診断の強化・充実
- 予防保全システムの構築
- リダンダンシー・レジリエンスの向上
- 優先度の高いところから集中的に長寿命化対策を行う「選択と集中」により、戦略的な維持管理を進めることが重要

→ 医療分野でのトリアージ※の考え方が重要

※triage（仏）とは、患者の重症度に基づいて、治療の優先度を決定して選別を行うこと。

56 橋の点検は現場・現物・現状がすべて

データベース作りが大切

ここでは、橋の上部構造と下部構造の点検の着目点について考えます。上部構造の点検の着目点ですが、鋼道路橋については、車の走行性や安全性に直接影響する床版のひび割れや抜け落ち、橋本体の安全性を左右する鋼部材の変形や腐食、部材や溶接部の亀裂、部材と部材を連結するリベットやボルトの欠損などが点検の対象となります。また、橋端部の路面の平坦性を確保するために設けられる伸縮装置の破損の有無や、地震のときに橋が橋脚から脱落するのを防止するために設けられる落橋防止装置の異常の有無も点検の対象となります。さらに、支承の部品の脱落や欠損の有無も重要な点検の着目点です。コンクリート橋については、コンクリート部材のひび割れ、コンクリートの剥落、鋼材の露出あるいは破断、さらには鋼橋の場合と同様に、支承や伸縮装置の変状の有無が点検の着目点となります。コンクリート部材の場合は、内部の鉄筋やPC鋼材の状況を外から確認することが難しいので、特別な方法で鋼材の位置や状態を確認することになります。

一方、下部構造の点検の着目点ですが、橋脚や橋台のひび割れやコンクリートの剥落、橋脚や橋台の基礎の洗掘（せんくつ）、軟弱地盤あるいは基礎の支持力不足による橋脚や橋台の傾き、移動、沈下などが点検の着目点となります。下部構造のうち、土や水の中にある部分については、状況や状態を把握するのが難しいとされており、土や水の上に出ている部分の傾きや沈下などの状態から土や水の中の基礎の状態を推定したり、渇水期に調査したりして、変状を発見することになります。点検は、近接目視によることを基本としていますが、必要に応じて触診や打音検査を含む非破壊検査を行います。非破壊検査には、超音波法、アコースティックエミッション法、ファイバースコープ法、X線法、渦流探傷法、レーダー法、浸透探傷法、サーモグラフィー法、レーザーホログラフィー法などがあります。

要点BOX
- ●上部と下部構造でそれぞれ点検の着目点がある
- ●下部構造で土や水の中の部分は状況把握が難しい
- ●点検は近接目視が基本。必要に応じて非破壊検査

点検の手順

点検
↓
健全度評価
↓
再点検が必要か? —YES→ 再点検（→健全度評価へ戻る）
↓NO
対策が必要か? —YES→ 対策（→記録へ）
↓NO
記録
↓
END

橋梁点検の5つの目的

- 安全性、使用性、耐久性の確保
- 損傷や変状の早期発見
- 健全度の把握
- 第三者への事故防止
- 橋梁の不正使用・不法占拠などの調査および指導取締り

維持管理サイクルにおけるモニタリングの役割

点検（効率性）→ 診断（信頼性）→ 措置（補修・補強 改造・監視）（最適性）→ 記録（柔軟性）→ 点検

緊急時の対応を補助するモニタリング
地震等の災害発生時における迅速な変状把握
【効率化・合理化・安全性の向上】

点検を補助するモニタリング
振動・変位・ひずみ、内部応力の変化等客観的な手法により異常個所を抽出
【維持管理コストを縮減】

補修・補強の効果を確認するためのモニタリング
振動・変位・ひずみ、内部応力の変化等客観的な手法により対策の効果や地震時の応答などを評価
【安全性の評価】

診断を補助するモニタリング
振動・変位・ひずみ、内部応力の変化等客観的な手法により健全性を評価
【点検・診断の信頼性向上】

出典:RAIMS

橋の維持管理の要点

❶調査·点検の合理化·効率化
❷診断、評価手法の確立
❸維持管理データベースの構築
❹補修·補強方法の改善
❺更新への取り組み

点検（近接目視）の様子

トラス橋の検査路

57 橋の診断・評価

AIなどの有効利用に期待

橋の診断・評価の基本は、目で見ることです。近接目視だけでなく、遠望目視も重要です。維持管理における健全性の評価は、橋の性能を評価することと等価です．性能設計で培った技術は、そのまま橋の点検・診断・措置に活かせます。構造力学は、橋の設計・施工だけでなく、点検・診断・措置においても、非常に大切です．

診断・評価の主なポイントは以下の3つになります。①鋼材の腐食：鋼部材の場合は塗装によって腐食を防止するのが一般的ですが、塗料自体も時とともに劣化します。また、コンクリート部材のひび割れや剥離もコンクリート中に浸入した水による鉄筋の腐食により助長されます。とくに水に塩分が含まれているときには、コンクリート中の鋼材の腐食が早まって損傷が大きくなります。これは塩害としてよく知られています。したがって、耐久性を確保するためには、水をいかに制御するかが鋼橋、コンクリート橋を問わず鍵となります。②大型車両の繰返し走行：昭和30年代から問題になってきた鉄筋コンクリート床版の損傷や、近年増加する傾向にある鋼橋の疲労損傷の主な原因は、予想もしなかった重量の大型車両の繰返し走行が原因です。③洪水や地震などの災害：下部構造は橋に作用するすべての力を地盤に伝える土台の役目を果たしています。橋脚や橋台の基礎の地盤が軟弱である場合や、古い木の杭が用いられるなどにより支持力が不足している場合には、傾斜、移動、沈下などの変状が生じます。毎年台風や豪雨による洪水で数多くの橋が被害を受けていることも事実です。地震によってもこれまでに数多くの橋が落橋や通行不能などの被害を受けてきました。これらの被害を未然に防ぐための災害対策が重要です。

多種多様な橋の存在を前提とすると、診断・評価の判断におけるリスクを最小化するために、AIを中心としたITの利用が必要です。

要点BOX
- ●橋の点検・診断・評価に構造力学を使用する
- ●性能低下の要因には外的と内的要因がある
- ●補修と補強は違う

橋の性能低下をもたらす要因

外的要因	内的要因
外力作用に起因するもの 変動荷重 永続荷重 衝突 偏土圧・圧密沈下 洗掘・侵食 地震	**材料劣化に起因するもの** アルカリ骨材反応 炭酸化（中性化） 品質不良
環境条件に起因するもの 塩害 凍害 化学的腐食	**製作・施工に起因するもの** 製作・施工不良 防水工・排水工不良
	設計に起因するもの 構造形式・形状不良

橋の診断･評価の判断の難しさ

❶構造設計での構造解析・流体解析：運動方程式 ⟶ 物理学の利用
❷塩害など：拡散方程式 ⟶ 物理学の利用
❸腐食やアルカリ骨材反応：化学反応式 ⟶ 化学の利用
❹生物的な現象？ ⟶ 生物学の利用
❺模型と実物との間の整合性 ⟶ 相似則の利用

診断･評価技術の信頼性を検証するには、

詳細なデータ ⟶ 実験室で検証実験
現場のデータ ⟶ 実現象との比較
（上記2項目） ― 比較検討（多種類のセンサで）

根本的な問題は、相似則の問題（時間は縮小できないので）

補修と補強の区別

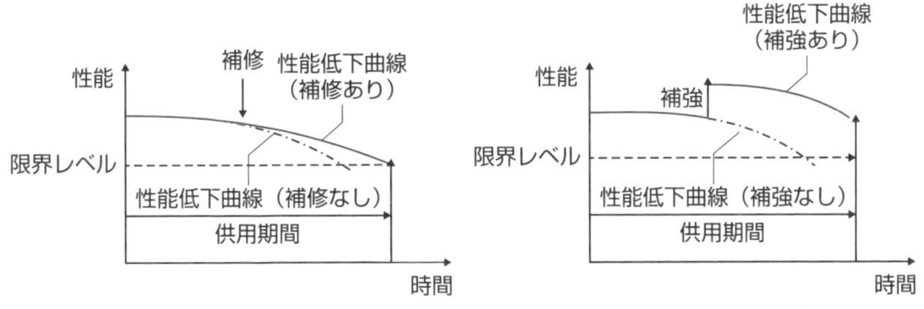

注）補修は主に耐久性の回復・向上を目指すもので、
補強は主に力学的性能の回復・向上を目指すもの。

58 鋼橋の点検・補修・補強

鋼材・鋼構造の特徴を読み取る

点検で注目すべき鋼橋の主たる損傷形態は、①鋼材の腐食と疲労、②RC床版の損傷、③支承や伸縮装置の破損、とされています。鋼材の腐食では、酸素、水、化学反応、乾湿の繰り返しが大きく影響します。塩分量では、付着塩分量は50㎎／㎡以下にすべきと規定されています。代表的な防錆防食法は、①塗装、②耐候性鋼材の利用、③溶融亜鉛めっき、④金属溶射です。また、維持管理では、高度な補修・補強を行った場合にICTを活用し、その対策が期待どおりの効果を発揮しているかどうかを確認しています。

厳密にいえば、橋の補修は、修復と補強に大きく分けられます。補修する環境は、建設時に比べて作業条件が悪く、時間的な制約もかかり、費用の点から難しいところがあります。したがって、補修方法の選定に当たっては、安全性の確保はもちろんのこと、補修の効果、施工性、経済性、修景などについても十分検討し、適切な方法を選択する必要があります。

鋼橋の補修には、塗装や舗装の打ち直しなどのほかに、供用中の橋の修理・改善が含まれます。鋼橋の長寿命化を考える上で、主要部材の性能・劣化傾向あるいは二次部材の取替時期を想定し、これらについて、長寿命化させる部分と定期的に交換する部分を見極める必要があります。さらに、長寿命化技術を開発する上では鋼構造、あるいは鋼材の特徴を読み取って、使用鋼材の品質や耐久性を高め、コンクリートと複合化する場合にはコンクリートとの接合部の信頼性などを向上させる必要があります。点検・補修の段階では、5年後、10年後、20年後と劣化曲線を想定します（57項参照）。劣化曲線には、バラツキがあり、そのバラツキの原因には鋼材の初期状態が大いに関係している可能性があります。そこをきちんと見極めて、点検・補修にあたるようにすれば、鋼橋の耐荷性や耐久性を確保でき、橋の長寿命化が図れます。

要点BOX

- **鋼部材の損傷や腐食に応じた対策を行う**
- **鋼部材の補修・補強では劣化曲線を想定して耐荷性や耐久性を確保する**

鋼部材の損傷の例

損傷種類	劣化原因	現象
塗膜の劣化（発錆）	紫外線、塩分、風雨等による劣化	塗膜の変・退色、割れ、ふくれ、はがれ、鋼板の錆等
断面減少	腐食	鋼材が腐食により徐々に薄くなる
ボルトのゆるみ、脱落	締め付け不良、腐食、振動等	高力ボルトが正常に機能していない
変形・亀裂	過大外力	過大な外力により部材が変形したり、亀裂が入る
疲労亀裂	疲労	繰り返し荷重により部材に疲労亀裂が入る
破断	過大外力、応力集中	部材が破断する
遅れ破壊	化学的作用等による鋼材の劣化	ある期間を経過した後、高力ボルト等が脆性破壊する

鋼部材の補修・補強の例

劣化事象	対策方法	概要
腐食	塗装	十分に錆を除去した後塗装する
	あて板補強	板をあてて欠損した断面を補強する
ボルトの脱落	ボルトの交換	高力ボルトを取り替える
	ボルトの落下防止	防護ネットを設置する
亀裂	補修溶接	亀裂部を再溶接する
	ストップホール	亀裂先端に孔をあけ、亀裂の進展を防ぐ
	あて板補強	補強版を高力ボルト等で接合して補強する
	構造改良	接合形状を変更する
破断	あて板補強	破断箇所に孔をあけ、あて板を取り付ける

鋼桁の腐食

ガセットプレートの腐食

59 コンクリート橋の点検・補修・補強

材料と施工と環境条件に着目

コンクリート橋の変状には、豆板や空洞のような初期欠陥に始まり、建設後の時間の経過に伴い進行する中性化・塩害・凍害・アルカリ骨材反応などの劣化現象、構造的な変状としての異常変位やひび割れ、さらには地震・火災・衝突などの損傷があります。さらに、PC橋では、PC鋼材に沿ったひび割れ、PC定着部付近のひび割れ、PC鋼材の突出などが加わります。これらの変状の原因を推定し、補修・補強対策を講じますが、点検により変状を発見した場合、その結果をもとに変状が橋に及ぼす影響を評価し、判断を下すことになります。補修と補強の工法は、耐久性の回復と向上を目指す補修工法と、力学的性能の回復と向上を目指す補強工法があります。補修や補強方法の選定にあたっては、安全性、補修の効果、施工性、経済性、修景などについて十分検討し、適切な方法を選択する必要があることは鋼橋の場合と同じです。

劣化要因には、①施工不良、②材料によって生じるアルカリ骨材反応、③環境によって生じる塩害・凍害・中性化、があります。どれも初期には、ひび割れが見られますので、原因の特定には判断が必要です。

点検の調査項目は、①外観調査（目視、打音）、②強度調査（リバウンドハンマー）、配筋・かぶり調査（非破壊検査、配筋で安全性、かぶり厚さで劣化予測）、④中性化深さ測定（ドリル法）、塩化物イオン量の調査（簡易法）、設計施工記録の調査、などです。

コンクリートのひび割れが、鉄筋の腐食を早めたり、侵入した水が凍結融解を繰り返すことによって、コンクリートの破壊が進行する恐れのある場合は、コンクリートのひび割れを制御しなければなりません。鉄筋の腐食とひび割れの関係は、かぶり、鉄筋径、鉄筋間隔、コンクリートの品質、及び露出面の環境条件の影響を受けます。一般に鉄筋の応力度が同じでも、かぶりが大きいほど、鉄筋の腐食は少なくなります。

要点BOX
- ●コンクリート部材の損傷には初期欠陥に加えて、様々な劣化事象が関係する
- ●コンクリートのひび割れには制御が必要

コンクリート部材の損傷の例

劣化事象	劣化要因	劣化現象
塩害	塩化物イオン	コンクリートのひび割れやはく離、鋼材の断面減少を引き起こす現象
中性化	二酸化炭素	鋼材の腐食が促進され、コンクリートのひび割れやはく離、鋼材の断面減少を引き起こす現象
アルカリ骨材反応	反応性骨材	骨材がコンクリート中のアルカリ性水溶液と反応して、コンクリートに異常な膨張やひび割れを発生させる現象
凍害	凍結融解作用	コンクリート中の水分が凍結と融解を繰り返すことによってコンクリート表面からフレーク状の剥離、微細ひび割れおよびポップアウトなどの形で劣化する現象
床版の疲労	大型車通行量（床版寸法諸元）	道路橋の鉄筋コンクリート床版で輪荷重の繰返し作用によりひび割れや陥没が生じる現象

コンクリート部材の補修・補強の例

工法	対策方法	目的
補修	ひび割れ補修	耐久性を向上させる
	断面修復	コンクリート断面欠損部を修復材を用いて修復する
	表面被覆	コンクリート表面を被覆材で覆い、劣化因子とコンクリートの接触を遮断する
	表面含浸	コンクリート表面に表面含浸材を塗布し、劣化因子の浸透を防止する
	電気化学的防食	部材内部の鋼材の腐食進行を抑える
補強	プレストレス導入	PC鋼材を追加配置し、プレストレスを導入し、部材に生じる応力状態を改善する
	鋼板接着	活荷重に対する主桁の曲げ耐荷力を向上させる
	連続繊維シート接着	活荷重に対する主桁の曲げ耐荷力を向上させる
	部材上面増厚	部材上面に補強鉄筋を配置し、鋼繊維補強コンクリートを打設し、曲げ耐荷力を向上させる
	部材下面増厚	部材下面に引張補強材（FPR、鉄筋等）を配置して、ポリマーセメントモルタルを吹き付け、曲げ耐荷力を向上させる

主桁下面のコンクリート剥離・鉄筋露出

アプローチスパンの
コンクリート梁に浮きと剥離

60 下部構造の点検・補修・補強

損傷には特別な配慮が必要

橋台や橋脚には鉄筋コンクリートが利用されることが多いので、それらについては、一般の鉄筋コンクリート構造として点検を行います。すなわち、ひび割れ、剥離・鉄筋露出、漏水・遊離石灰、浮き、補修・補強材の損傷、変色・劣化、漏水・滞水、変形・欠損などについて、これらの有無を調べ、損傷が生じている場合には、その程度を点検し記録します。特に橋台および橋脚に発生する特有な損傷としては、沈下・移動・傾斜があります。橋台においては背面からの土圧によって移動や傾斜が発生する可能性がありますので、橋台が杭基礎で支持されている場合には注意が必要です。橋台の傾斜は、傾斜量が小さな場合は目視で把握しにくいのですが、桁端部とパラペットの位置関係を見ることによって、比較的容易に確認できる可能性があります。また、下げ振り（錘（おもり））によって傾斜量を計測することも可能です。橋脚では、橋脚が河川中や海中にある場合、洗掘により沈下や傾斜が発生する可能性があります。橋脚の大きな傾斜は直ちに上部工の崩壊につながるため、注意が必要です。橋脚が鋼製の場合は、一般的な鋼構造物として点検を行います。すなわち、腐食、亀裂、ボルトのゆるみ・脱落、破断、防食機能の劣化が主たる点検項目となります。下部構造の損傷は、橋の耐荷力や耐久性に大きく影響します。橋脚については、河川や海などの水中にある場合が多く、損傷が発見された場合でも、適切な対応を直ちに行うことは困難です。そのため、通行車両の重量制限や通行止め等の規制につながることも多く、最悪の場合には、落橋にもつながるので、特別な配慮が必要です。耐震補強工事は全国で行われており、コンクリート被覆やシート被覆などが多用されていますが、これらの劣化、損傷も検討課題の1つです。点検にあたっては、これらの補修・補強工事についても見落としのないように点検する必要があります。

●下部構造の損傷には部位ごとに様々な原因がある
●下部構造の補修対応には落橋などがないように特別な配慮が必要

下部構造の損傷の例

損傷部位	損傷	損傷の原因
基礎	沈下、傾斜、移動	地盤支持力の不足、不同沈下、洗掘、ネガティブフリクション、側方流動、地震など
	洗掘	台風･豪雨時の流水等による基礎周辺の土砂流出
コンクリート橋台、橋脚	ひび割れ	温度収縮･乾燥収縮、塩害･中性化、かぶり不足、アルカリ骨材反応、凍害、基礎の洗掘や沈下
	剥離･鉄筋露出	施工時のコンクリートの締固め不足、凍害、かぶり不足、塩害･中性化
	漏水･遊離石灰	打ち継ぎ目の施工不良、締固め不足
	浮き	鉄筋やPC鋼材の腐食による膨張
	変色	セメント水和物の変色、セメント成分の溶出
鋼製橋脚	腐食	漏水、雨水の侵入、塗装塗り替え時の素地調整不足
	亀裂	伸縮装置や舗装の段差による衝撃荷重や過荷重、溶接部分の欠陥等による疲労強度低下
	ボルトのゆるみ･脱落	遅れ破壊、ボルトの締付け不足、振動
	漏水･滞水	雨水の侵入、排水装置の機能不全
	変形	過荷重、車両や船舶の接触

下部構造の補修･補強の例

補修、補強	対策方法	目的
コンクリート橋台の補修	コンクリート塗装	表面被覆、防水
	鳥害対策	糞被害を避ける
コンクリート橋脚の補修	断面修復	コンクリート表面の修復
コンクリート橋脚の補強	炭素繊維シート巻き立て	耐震補強
	コンクリート巻き立て	耐震補強
	鋼板巻き立て	耐震補強
	アラミド繊維巻き立て	耐震補強
	あて板補強	梁柱部の隅角部応力低減
鋼製橋脚の補修･補強	綱構造物に準じる	—

基礎の洗掘

コンクリート橋脚の
コンクリート剥離･鉄筋露出

61 付属物の点検・補修・補強

不具合事例の収集と記録が重要

道路付属物の点検は、付属物(標識、照明施設等)の現状を把握し、異常または損傷を早期に発見するとともに、対策の要否を判定することにより、第三者被害の恐れのある事故を防止し、安全かつ円滑な道路交通の確保を図ることを目的として実施します。

付属物点検の基本的な考え方は、これまでの付属物の不具合事例および構造の特徴等を考慮して予め特定した弱点部に着目し、損傷および異常の有無を確実に把握することです。点検は、①通常点検：付属物の損傷の原因となる大きな揺れ、大きな変形及び異常を発見することを目的に、道路の通常巡回を行う際に実施する点検、②初期点検：付属物設置後又は付属物の仕様変更等が行われた場合の比較的早い時期に発生しやすい損傷・異常を、早期に発見するために行う点検、③定期点検：付属物構造全体の損傷を発見しその程度を把握するとともに、過去の点検において発見された損傷の進行状態を確認するため、一定期間ごとに行う点検、④異常時点検：地震、台風、集中豪雨、豪雪などの災害が発生した場合もしくはその恐れがある場合、または異常が発見された場合に、主に付属物の安全性及び道路の安全円滑な交通確保のための機能が損なわれていないことなどを確認するために行う点検、⑤特定の点検計画に基づく点検：特殊な条件を有するなど、特に注意を要する付属物について、個々に作成する点検計画に基づいて行う点検、に分けられます。

点検の実施にあたっては、点検の種別、目的に応じて関係者の役割、責任を明確にした体制で実施することが要請されています。具体的内容は、目視点検で得られた損傷度区分により、各箇所について対策の要否を検討し、対策の検討結果に応じて、次回点検の実施時期も検討します。対策が必要とされた損傷部位に対しては、損傷原因を特定し、適切な工法を選定した上で対策を実施することになります。

要点BOX

- ●付属物の損傷は特定した弱点部に着目
- ●不具合事例の収集と記録が必要
- ●特殊な付属物は個々に点検計画を作成する

付属物等の損傷の例

損傷部位	損傷の例	損傷の原因
支承部	支承部の機能喪失、桁移動	地震時の衝撃、機能不全
	アンカーボルトの抜け出しや、上沓ストッパーやサイドブロックの破断	地震による耐荷力の低下
	発錆・腐食、磨耗、支点沈下	経年劣化、土砂の推積
伸縮装置（荷重支持型）	フィンガー欠損、ボルトの破損・抜け、陥没、充填材の分離脱落	過荷重、繰り返し荷重による疲労、地震、支承の破損等
落橋防止システム	機能喪失	支承の損傷
剛性防護柵	剥離	振動、経年劣化

付属物等の補修・補強の例

補修、補強	対策方法	目的
支承部（金属支承）の補修	金属溶射	耐久性の向上、防食機能の劣化と防食を抑える
	ゴムシートによる遮塩	飛来塩分の遮塩による腐食進行の抑制
伸縮装置（荷重支持型）	取替え	部分取替えでは対応が難しい場合が多いので
落橋防止システム	取替え、部材の追加による補強	落橋防止機能の回復・向上
剛性防護細の補修	剥離防止	既設コンクリートの剥離を防止する

支承部の錆・腐食

排水ますの周辺

62 防災・減災への対応

人が主役の公助・共助・自助

防災とは、公助を原則に、発災後の救命と復旧・復興の対策を重視した法定計画に従う備えを指します。一方で減災とは、自然災害や突発的事故が発生しても被害を受けにくい、または、受けても最小限にとどめることのできる備えのことです。

その取り組み方は、生活領域ごとに異なります。地域においては、共助を基本に、互いに助け合い、避難生活がある場合には地域再生を目指すことになります。職場においては、人命の安全確保と経済活動の持続性を失わないことが重要です。自助についても、平時において必要な準備をしておくべきことはいうまでもありません。

減災とは、災害や突発的事故などは防げないという前提に立ち、被災した場合、被害を最小限にするための平時の取り組みをいいます。通常、防災といったときには、減災を含めています。したがって、災害対策基本法に従う防災活動では、①災害予防、②災害応急対策、③災害復旧・復興、の3つが対策の基本になります。

日本ではどの地域でも災害の危険性を抱えています。その中で、地方自治体内で橋がわかる専門職員が不足していることを挙げる自治体は多いです。橋の技術が継承されず、橋を点検管理する体制も手薄になってしまい、技術力そのものの低下につながる可能性があります。防災・減災への具体策を講じるためには人材の確保が欠かせません。地方自治体内で橋の整備に対応できる人材を育て、多くの人に橋を見てもらうことが重要です。

橋に限定すれば、防災・減災への対応として期待されていることは、予防保全への本格的な転換と、効率的な維持管理の実施です。特に注意すべき点は、橋の劣化による損傷が時間の経過とともに増加している場合には、定期的な点検間隔にこだわらず、時間的変化に基づいた計画的予防保全対策を施すことです。

要点BOX

- 防災は対症療法型から予防保全型に対応が変化している
- 点検調査の人材確保と人材育成が重要

対症療法型から予防保全型へ

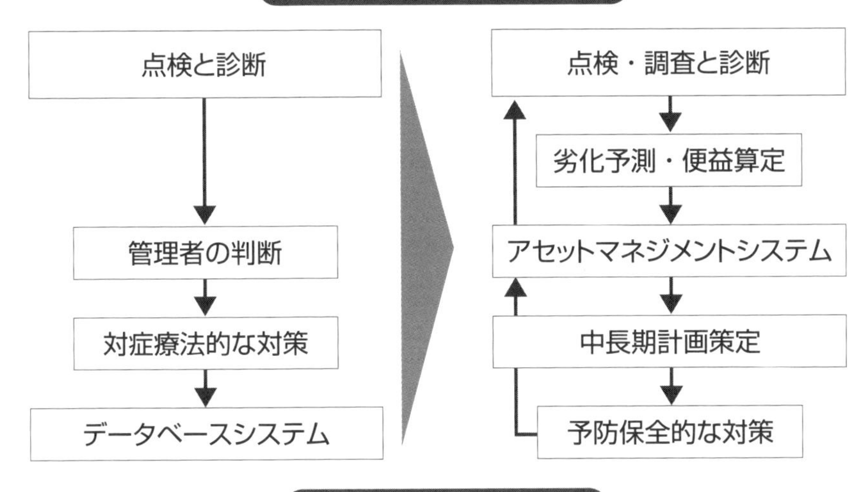

橋の劣化形態と保全方式

劣化形態	劣化形態図 (t:時間　P:損傷率)	保全方式		
		予防保全		事後保全
		時間計画保全	状態監視保全	
損傷率増加形	P t	◎	○	×
損傷率一定形	P t	×	◎	○
損傷率減少形	P t	×	◎	×

注)◎:最適 ○:適 ×:不適　　　出典:国土交通省

予防保全を考えた鋼製橋脚の例(耐震性向上を目指して)

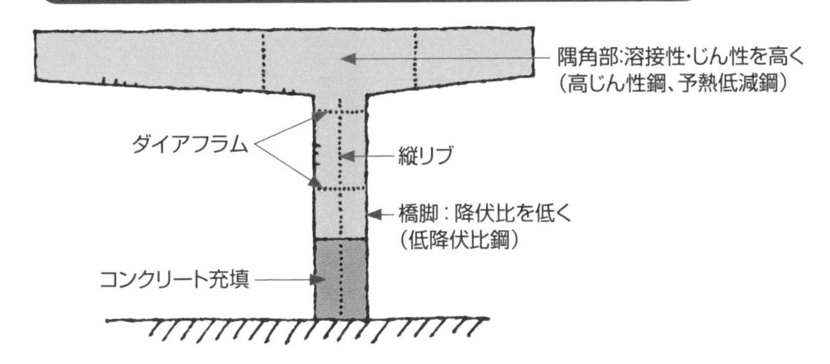

63 橋の維持管理では想像力が欠かせない

補修・補強・改良の判断で重要なこと

事故を未然に防ぐために必要なことを考えてみます。まず、地震や衝撃のように瞬時に破壊が生じるような現象を除けば、橋が落ちる前兆は必ずあると考えることから始めます。前兆があるとすれば、それをいかに早く知るかが、予防保全に直結します。橋の点検では、手の届くような近さから目で観察するのが前提となっています。しかし、ただ近くで見続けていても、橋の崩落は防げません。現場で橋を直接見ることはもちろんですが、情報を確実に集めることと想像力が必要です。人間の五感はもっとも有効に利用できる情報収集機能です。さらに、得られた情報をもとに、できるだけ多くの起こりうる現象を想像することが肝要です。この段階での想像事例はできるだけ多い方がよいでしょう。その後、1つずつ実際に起こりうるかどうか検証していくことになります。この段階で、形状計測、振動計測、変形計測、非破壊検査などの具体的な測定データを十分に吟味した結果と、コンピュータや手計算などの構造解析結果とを結びつけて、1つずつリスクの可能性を消去していくことになります。この段階で答えを1つに絞る必要はありません。起こり得ないものを排除するだけでよいのです。この作業では、構造力学に裏付けられた想像力が威力を発揮することを強調しておきたいと思います。

橋の補修・補強でも、橋の5年後、10年後、50年後を想像すること、つまり橋の劣化状態を予測することが重要です。同時に、その橋の過去にさかのぼって、完成したときの状態を想像することも大切です。建設されたときから現在までと、現在から将来へと、それぞれを経験と技術力に照らして想像したものが納得のいくものかどうか、想像したものと現状とでどこか変わっているところはないか、常にチェックし続けることです。正解がわからないときの方が圧倒的に多いことは当然ですが、それを継続することが重要です。

要点BOX

- ●前兆から劣化や破壊を予測する想像力が大切
- ●想定被害を1つずつ検証する
- ●長期予測で損傷被害のリスクを低減する

劣化予測のイメージ

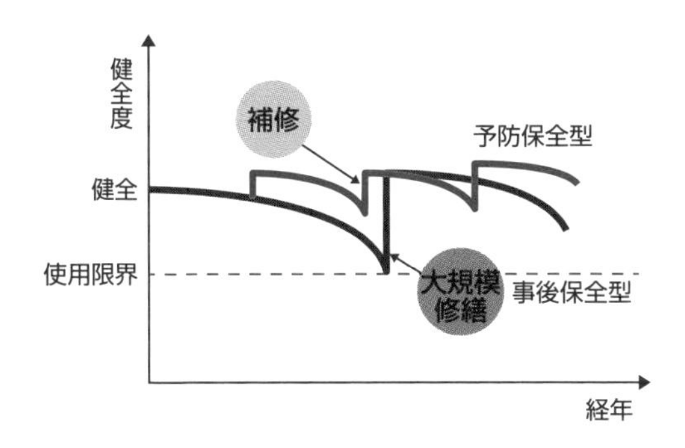

コストの縮減のイメージ

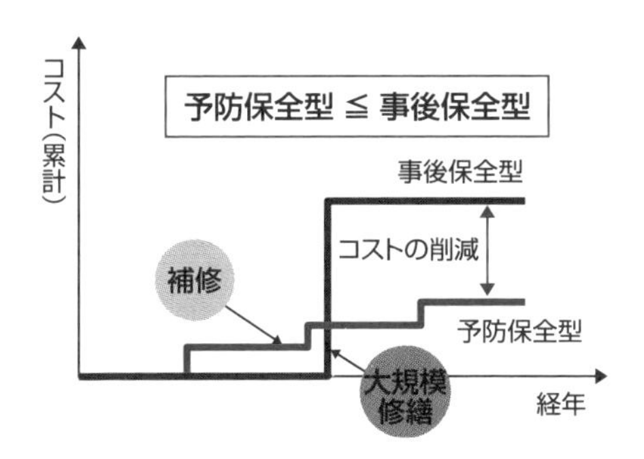

リスクベースの予防保全

リスク（損傷被害）の最小化

- 損傷の発生確率を減少させる
- 損傷の被害の影響を低減する

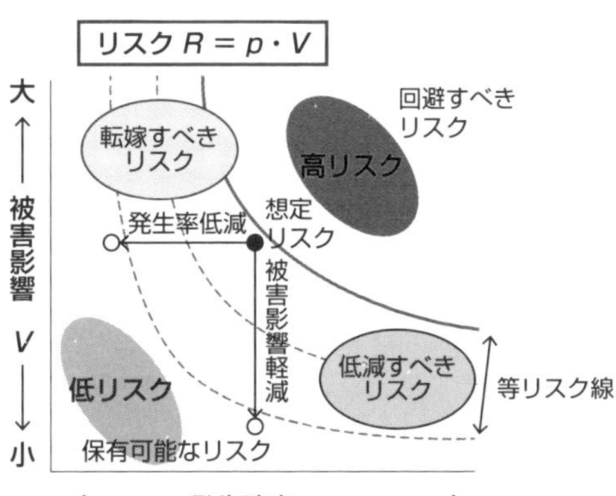

64 橋が架替えられる理由

個別の事情を総合的に判断する

道路橋が架替えられた理由と使われている年数の関係に関する調査結果によると、主な理由としては、路線の線形改良や河川改修などの工事に伴う架替えが30～50%、橋の幅が狭いなどの機能上の問題による架け替えが20%程度を占めています。長く使われるにしたがって、耐荷力の不足や部材の劣化や損傷などの構造上の理由で架替えられたものが多くなります。供用年数が50年を過ぎると、構造上の理由で架替えられたものが50%を占めるようになります。そのため、次第に構造上の理由で架替えられるものの割合が多くなってきています。橋が架替えられる主な理由は、鋼部材の腐食や鉄筋コンクリート床版の損傷、コンクリート部材のひび割れやコンクリートの剥離、橋脚や橋台の変位やひび割れなどです。

まずは補修・補強して長寿命化するか、架替えるかを見きわめる、必要があります。結論を出すには、必要な予算規模が1つの要素になります。建設したのだから残すのは当然、という発想だけでは行き詰まります。ただし、架替えの場合は同じ場所に造れるとは限らず、周辺住民との合意形成が欠かせません。橋の集約化も検討されるべきですが、実現は容易ではありません。人の命を守るのがインフラの役割の1つです。産学官が連携して橋梁の劣化状態を監視するモニタリングシステムの技術開発も進展しています。高度経済成長期が第1のインフラ整備期とすれば、今は第2のインフラ整備期に入りました。国を挙げて補修・補強に取り組まなければなりません。

橋の重大な損傷事例を見ると、適切な頻度や手法で点検を行い橋の状態を把握することに加え、その結果をいかに適切に評価して具体的な補修や補強などの行為に結びつけるかが重大事故を防止するために不可欠であることがわかります。維持管理の品質保証水準そのものが大切であることを認識する必要があります。

要点BOX

- 耐荷力の不足や部材の劣化・損傷など、橋の架替えの50%を構造上の理由が占める
- 今は第2のインフラ整備期にあたる

架替えられた餘部橋梁と技術者の診断・評価結果

餘部橋梁(1912年3月開通)

トレッスル高架橋
(海風を直接受ける)
風と腐食との
戦いであった

トレッスル高架橋

アンカー部を補強した結果

海風による鋼材表面の錆を観察

長寿命化への診断例(餘部橋梁の1965年の診断結果概要)

- 応力が許容応力を超す荒廃に達したときは下から二次部材を全面的に取り替える。
- 主柱の腐食には特に重点的防止に努めること。
- アンカーの重量不足を解消すること。
- 構脚支承部の防錆に留意すること。
- 腐食大なるガセットプレートの交換を行うこと。

これ以上の荒廃を防止すれば、なお30年以上の使用に耐えうるものと当時の技術者は判定。結果はその通りでした。風と腐食に耐えた鉄橋は、2010年にPC橋に架替えられました。

65 耐震補強と橋梁再生

ハードとソフトの両面からの対策が重要

既存の橋はそれぞれ建設年代が異なり、その種別や環境条件、使用状態、維持管理状況等によってその橋が今後使用可能な期間である耐用年数（平均余命）も異なります。一方、橋の耐震設計（新設）では、設計地震動として、供用期間を確率変数に含むと考えられるレベル1地震動と、供用期間には拘らず地理的条件などから設定される低確率のレベル2地震動を考慮すべきとしています。

橋が地震を受けた際の想定被害を低減する選択肢の1つが既設の橋の耐震補強ですが、想定被害の程度に応じて地震後の応急復旧や再建を選択する場合もありえます。また、直接対象とする橋を補強するのではなく、代替機能を有したバックアップシステムの構築なども広義の耐震性向上対策になります。

以上のような考え方のもとに、橋の耐震補強の検討に際しては、原則として新設の橋と同様の耐震性能を追求すべきものとしています。耐震性向上対策として、いったん耐震補強を選択した場合、その補強程度による工事費の差異は一般に小さいと考えられています。新設の橋と同等の耐震性能を目指すべきであると考えているからです。このことは自動的に新しい耐震基準を満たさない全ての橋を一律に耐震補強すべきであるとしているわけではありません。

耐震診断では、橋の耐震性を種々の指標で判定し、耐震性が不足する可能性がある場合には耐震補強の検討に進みますが、対象の橋が供用中であることを考慮すれば、その補強方法は自然と制約され、現状の技術水準では十分な補強効果が得られず、構造的なバランスや合理性に欠けることもあります。このような場合には、橋あるいは周辺地盤の耐震補強という直接的な対策だけでなく、対象橋梁の補強レベルが多少低下してでも、代替システムの整備や早期復旧方法の開発など、柔軟で合理的な対応を検討する余地もあり、総合的な価値判断が重要です。

●耐震補強には新設と同様の耐震性能が要求される
●耐震診断には直接補強だけではなく代替システムや早期復旧などの判断も必要

兵庫県南部地震(1995年)で見られた高架橋の橋桁落下事故の主な原因

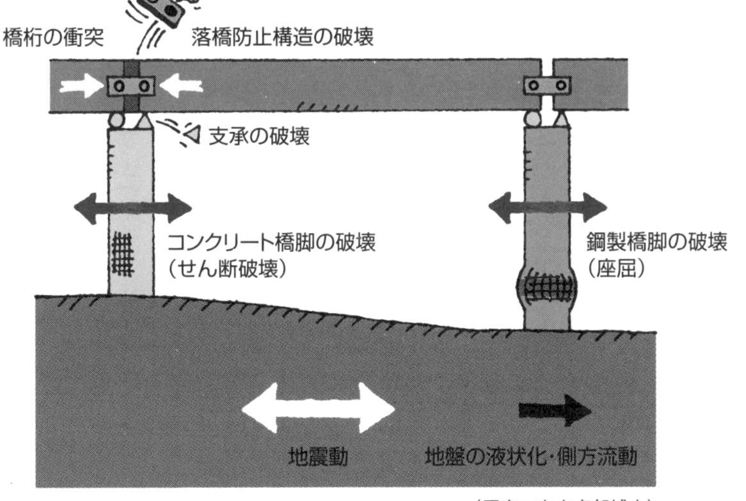

(原案：森山卓郎博士)

耐震性能照査の枠組み

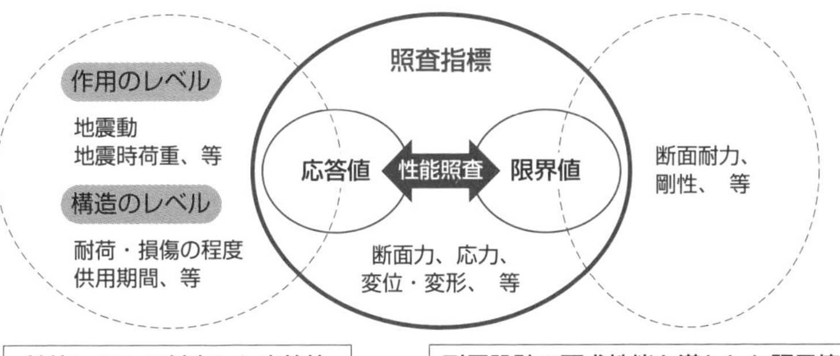

大災害から命と橋を守るためのキーワード

- リダンダンシー(代替性、多重性、懐の深さ)を持たせることが必要
- ロバストネス(強靭性、したたかさ)を持たせることが必要
- レジリエンス(回復性、快復性、しなやかさ)を持たせることが必要
- フェールセーフ(損傷許容性、信頼性、しぶとさ)を持たせることが必要
- セーブライフ(人命救助性、死なない·死なせない)を想定することが必要

66 橋と環境問題

環境にやさしい橋とリサイクル技術

橋には人間と同じように寿命があります。最終的な寿命がきた場合には橋を廃棄しないといけません。鋼やコンクリートからできている橋は、そのまま廃棄するわけにはいきません。寿命を迎えて廃棄するしかなくなったものは、建設副産物と呼ばれ、現在では可能な限り再利用する方針がとられています。建設副産物には、有用で原材料として利用できるものや、その可能性のあるものだけでなく、原材料として利用不可能なものも廃棄物として含まれます。

これからの橋は、建設副産物であってもそれぞれの材料に分離できて、再度材料としてリサイクルに活かせるように、計画段階から検討する必要性が高くなりました。しかし、現在では、鋼とコンクリート、付属物などを分離して再利用するには、多くのエネルギーを必要とします。これからの橋を造るにあたっては将来的に材料が分離できるような構造が必要になるかもしれません。もし、使った材料をもう一度使えれば、新しく造る橋に転用でき、環境にも低負荷となるでしょう。

錦帯橋や伊勢神宮のように木材の構造物ならば、まだそのまま使える木材については次の造り替えのときに再利用できます。同じようなことが鋼やコンクリートの橋の場合にも必要になるのではないでしょうか。鋼橋やコンクリート橋でも使用材料がリサイクルできるような構造や工法を採用していくことが望まれます。

一方で、現在のところ、鋼やコンクリートにはまだリサイクル技術に開発の余地があります。アルミニウムについてはアルミ缶のようにリサイクル技術が90数パーセントというものもありますが、コンクリート橋や鋼橋ではそのようになっていません。循環型社会を志向して、環境にやさしくリサイクルが可能な橋の材料や構造の開発が望まれています。

- ●橋にも寿命があり、リサイクルなどを含めたライフスパンシミュレーションの構築が必要
- ●リサイクルが可能な材料や構造の開発も重要

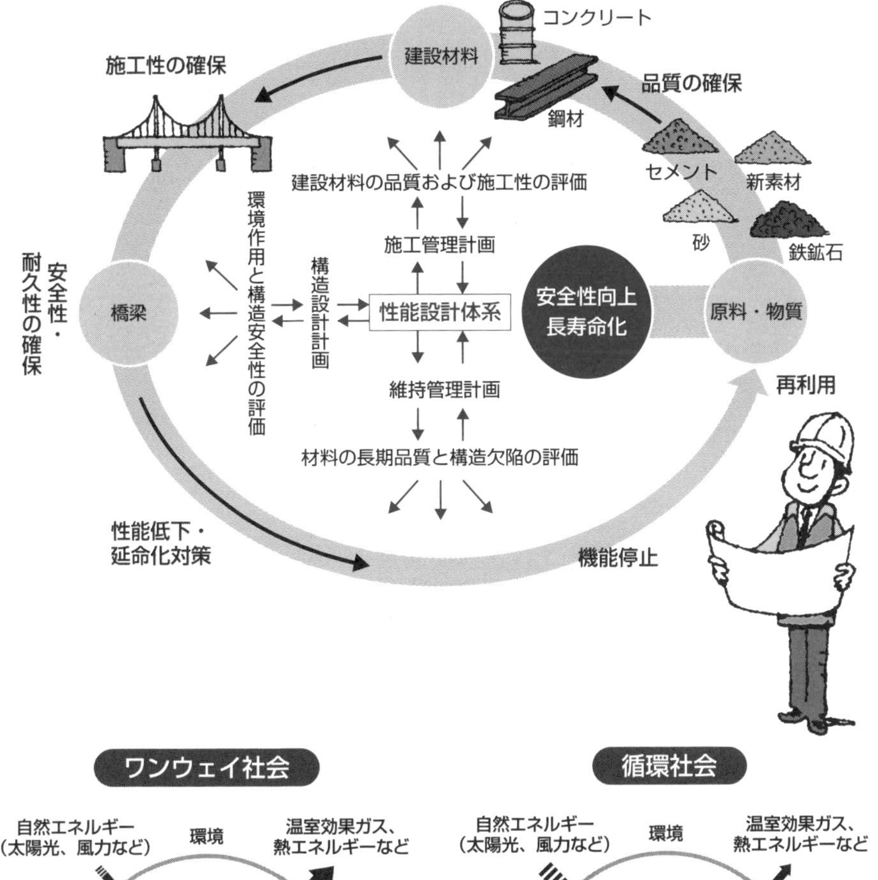

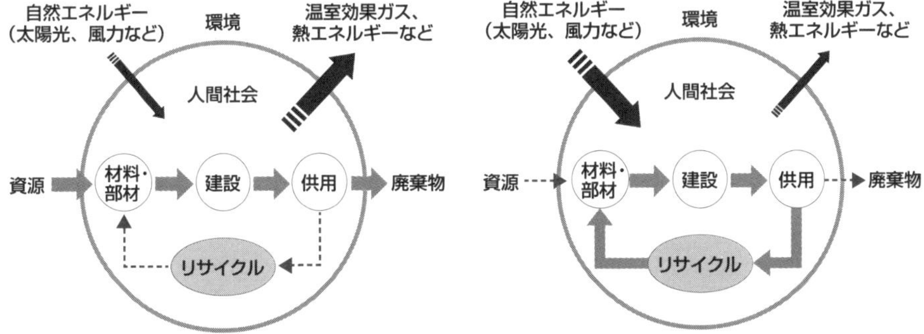

持続可能な社会とは、社会の永続性を確保するため、有限な地球の中で行う人間のあらゆる活動に伴い消費するモノやエネルギーに係る資源を繰り返し、または様々な形で利用するとともに、廃棄するものを最小限とする意志と能力（システム）を有する社会のことです。

Column

今すぐできる橋へのアプローチ

個人的には、土木工学の役割とは、「社会に対する思いやり」の実現と考えています。高齢化が進み人口が減少するなかで、持続可能で安全・安心な社会を実現するためには、土木分野が、過去を見直し、現在を見つめ、未来を見据えて、科学技術を一層向上させていくことが重要です。

将来は、科学技術が発展し、ロボットやコンピュータが橋と人間とのコミュニケーションを仲介してくれる時代が来るかも知れません。しかしながら、現在では、橋のお世話は人間にしかできません。橋に対する思いやりが大切であることがわかっていても、だれでも橋のお世話ができるわけではありません。まずは橋に関することに興味を持つことからはじめるのが大切です。興味を持つことが大切である、といっても抽象的すぎますので、すぐにできることの例を挙げます。

①多くの良い橋を観る。できれば架設中の橋の見学会に参加する。②橋に関する話をたくさん聞く。できれば普段聞けない話を専門家にお聞きする。③橋に関するいろいろな本や記事を読む。できれば紙と鉛筆を持ち、図を書き、簡単な計算をしてみる。④自分の世界に閉じこもらない。できれば橋のことをみんなにいっぱい話す。⑤橋に関して気がついたことをメモする。できればメモを文章にして残す。⑥橋の点検に同行する。できれば橋の診断や評価の会議に同席する。

橋には橋の物語がある

イギリス中央部 セヴァーン川
アイアンブリッジ(1779年)
世界最初の鉄の橋
(アイアンブリッジ渓谷は
世界遺産になっています)

イギリス ロンドン テムズ川
タワーブリッジ(1894年)
イギリス指定建造物

日本 東京 隅田川
永代橋(1926年)
重要文化財

【参考文献】

国土交通省、「道路局ホームページ」、国土交通省、2007～2023年
依田照彦・髙木千太郎。「橋があぶない」、ぎょうせい、2010年
藤原稔・久保田宗孝・菅谷洸・寺田博昌、「橋の世界」、山海堂、1994年
五十畑弘、「図解入門よくわかる最新「橋」の科学と技術」、秀和システム、2019年
藤野陽三監修、「プロが教える 橋の構造と建設がわかる本」、ナツメ社、2012年
土木学会関西支部編、田中輝彦・渡邊英一、「図解橋の科学」、講談社ブルーバックス、2010年
土木学会編、「美しい橋のデザインマニュアル」、技報堂出版、1982年
塩井幸武、「長大橋の科学」、SBクリエイティブ、2014年
日本橋梁建設協会、「鋼橋技術の変遷」、日本橋梁建設協会、2010年
プレストレストコンクリート工学会（編）「フレッシュマンのためのPC講座―プレストレストコンクリートの世界―」、プレストレストコンクリート工学会、2016年
日本道路協会編、「道路橋示方書・同解説 Ⅰ共通編、Ⅱ鋼橋・鋼部材編、Ⅲコンクリート橋・コンクリート部材編、Ⅳ下部構造編、Ⅴ耐震設計編」、丸善、2017年
西川和廣、「道路橋の寿命と維持管理」、土木学会論文集、No.501、1994年
鋼橋技術研究会、「維持管理部会報告書」、1996、2006年
土木学会鋼構造委員会、「第11回鋼構造と橋に関するシンポジウム論文報告集」、2008年
日本鋼構造協会、「鋼構造物における長寿命化・延命化技術の現状と課題」、JSSCテクニカルレポート、2009年
橋梁工学ハンドブック編集委員会編、「橋梁工学ハンドブック」、技報堂出版、2004年
佐伯彰一編、「図解橋梁用語事典」、山海堂、1986年
橋梁と基礎編集委員会編「橋の点検に行こう！」、建設図書、2016年
吉田巌編、「橋のはなしⅠ」、技報堂出版、1985年
石橋忠良、「鉄道橋（Ⅱ）コンクリート構造」、山海堂、1984年

依田照彦・佐藤尚次・井浦雅司・臼木恒雄、「図説土木工学基礎講座　構造力学」、彰国社、1999年
依田照彦、「トコトンやさしい橋の本」、日刊工業新聞社、2016年
清宮理、「構造設計概論」、技報堂出版、2003年
吉川弘道、「鉄筋コンクリートの設計」、丸善、1997年
土木学会編、「土木工学ハンドブック」、技報堂出版、1989年
土木工学ポケットブック編集委員会編、「土木工学ポケットブック」、山海堂、1980年
日本道路協会編、「鋼道路橋施工便覧」、丸善、2000年
国土交通省、「附属物（標識、照明施設等）の点検要領（案）」、国土交通省道路局、2010年
土木学会編、「土木構造物の耐震基準等に関する提言「第三次提言」解説」、土木学会、1996年
土木学会編、「土木構造物共通示方書」、土木学会、2016年
土木学会編、「鋼・合成構造標準示方書　耐震設計編」、土木学会、2018年
藤井学他、「土木設計2」、実教出版、1997年
三浦基弘、「I・K・ブルネルの魅力（2）」、No-Dig Today、No・83、2013年
国土交通省関東地方整備局、「日本橋の保存と管理に関する検討委員会　委員会報告書」、国土交通省関東地方整備局東京国道事務所、2008年
土木技術体系化研究会編集、「土木技術検定試験―問題で学ぶ体系的知識（改訂版）―」、ぎょうせい、2019年
故廣井工学博士記念事業会編、「工学博士　廣井勇傳」、工事画報社、1930年
嘉門雅史監修、「道路管理者のための実践的橋梁維持管理講座」大成出版社、2011年
首都高速道路技術センター、「これならわかる道路橋の点検」、建設図書、2015年
日本道路協会、「道路橋点検必携　平成27年版」、丸善、2015年
山田均、「耐風工学アプローチ」、建設図書、1995年
坂野昌弘、「疲労のメカニズムと疲労設計」、土木学会鋼構造委員会講習会、2005年
福知山構造物検査センター編、「山陰本線鎧・餘部間餘部橋りょう」、1982年

タ

ナ

ハ

マ

ヤラワ

索引

英数

ア

カ

サ

●著者略歴

依田 照彦（よだ てるひこ）

早稲田大学理工学術院名誉教授

●専門分野

構造工学、橋梁工学。構造力学

●略歴

1946年 東京都生まれ
1970年 早稲田大学理工学部土木工学科卒業
1972年 早稲田大学大学院理工学研究科修士課程修了
1977年 早稲田大学理工学部・助手
1978年 工学博士（早稲田大学）
1980年 早稲田大学理工学部土木工学科・専任講師
1982年 早稲田大学理工学部土木工学科・助教授
1987年 早稲田大学理工学部土木工学科・教授
2006年 改組により理工学術院創造理工学部・教授
2017年 早稲田大学理工学術院名誉教授

●主な著書

「いきものづくし　ものづくし　7巻」
（分担監修）、福音館書店、2020年
「土木技術検定試験　一問題で学ぶ体系的知識（改訂版）」
（編集代表）、ぎょうせい、2018年
「Bridge Engineering」（共著）、Elsevier、2017年
「トコトンやさしい橋の本」、日刊工業新聞社、2016年
「橋があぶない」（共著）、ぎょうせい、2010年
「構造力学」（共著）、彰国社、1999年

今日からモノ知りシリーズ
トコトンやさしい
橋梁工学の本

NDC 515

2024年3月15日　初版1刷発行

©著者　依田照彦
発行者　井水治博
発行所　日刊工業新聞社
東京都中央区日本橋小網町14-1
（郵便番号103-8548）
電話　編集部　03(5644)7490
販売部　03(5644)7403
FAX　03(5644)7400
振替口座　00190-2-186076
URL　https://pub.nikkan.co.jp/
e-mail　info_shuppan@nikkan.tech
印刷・製本　新日本印刷(株)

●DESIGN STAFF
AD――――志岐滋行
表紙イラスト――――黒崎　玄
本文イラスト――――小島サエキチ
ブック・デザイン――――岡崎善保
（志岐デザイン事務所）

●
落丁・乱丁本はお取り替えいたします。
2024 Printed in Japan
ISBN　978-4-526-08332-7 C3034
●
本書の無断複写は、著作権法上の例外を除き、
禁じられています。

●定価はカバーに表示してあります。